THE ROYAL
HORTICULTURAL
SOCIETY

GARTENHANDBUCH

SOMMERBLUMEN

EINJÄHRIGE UND ZWEIJÄHRIGE

THE ROYAL
HORTICULTURAL
SOCIETY

GARTENHANDBUCH

SOMMERBLUMEN

EINJÄHRIGE UND ZWEIJÄHRIGE

DORLING KINDERSLEY

DORLING KINDERSLEY
London, New York, Melbourne, München und Delhi

REDAKTION Neil Kelly
GESTALTUNG Matthew Cook
PROJEKTLEITUNG Bob Gordon, Helen Parker
LEKTORAT Charlotte Stock
HERSTELLUNG Silvia la Greca
CHEFLEKTORAT Louise Abbott
CHEFBILDLEKTORAT Lee Griffiths
BILDRECHERCHE Mollie Gillard, Christine Rista

Für die deutsche Ausgabe:
COVERGESTALTUNG Verena Salm

Coverabbildung kleines Bild unten rechts:
Plant Pictures Worldwide, Niederlande

Bibliografische Information Der Deutschen Bibliothek
Die Deutsche Bibliothek verzeichnet diese Publikation
in der Deutschen Nationalbibliografie;
detaillierte bibliografische Daten sind im Internet über
http://dnb.ddb.de abrufbar.

Titel der englischen Originalausgabe:
RHS Plant Guides Annuals and Biennials

ÜBERSETZUNG Harda Kuwer, Reinhard Ferstl
REDAKTION Werkstatt Gillhofer, München
SATZ Anja Dengler, Werkstatt Gillhofer

ISBN 3-8310-0711-X

Printed and bound in Singapore by Star Standard Industries

Besuchen Sie uns im Internet
www.dk.com

Inhalt

MITARBEITER

ALAN TOOGOOD
Fachliche Beratung

LINDEN HAWTHORNE
Text

Hinweise zur Benutzung dieses Buchs

Dieses Buch ist das ideale Nachschlagewerk für die Auswahl und Bestimmung von Sommerblumen.

Eine nützliche thematische Einführung bringt das Kapitel **Sommerblumen im Garten**. Darin erfährt man, welche Ein- und Zweijährigen sich für bestimmte Standorte oder Verwendungszwecke am besten eignen, so etwa als Gefäßpflanze, für Rabatten oder einfach nur als Solitärgewächs.

Wer eine Pflanze sucht oder bestimmen möchte, findet im **Verzeichnis der Sommerblumen** einen umfangreichen Pflanzenkatalog mit einer Fülle von Fotografien, die durch präzise Beschreibungen sowie nützliche Tips zu Kultur und Vermehrung ergänzt werden. Die einzelnen Blumenporträts sind übersichtlich nach ihrer Größe und Farbe (siehe untenstehende Palette) geordnet.

Ausführliche Informationen über Kultur, laufende Pflege und Vermehrung enthält das Kapitel **Die Pflege von Sommerblumen**.

Am Ende des Buches findet man überdies ein zweiseitiges Glossar mit Erläuterungen der wichtigsten Fachbegriffe. Und ein umfangreiches Register aller beschriebenen Gewächse mit botanischen und deutschen Namen ermöglicht das schnelle Auffinden einer Pflanze im **Verzeichnis der Sommerblumen**.

Die Farbpalette

Innerhalb der einzelnen Kapitel sind die Gewächse nach der Farbe ihres wesentlichsten Merkmals geordnet. Dabei wird stets die in der folgenden Farbpalette vorgegebene Reihenfolge von Weiß über Rot und Blau bis zu Gelb und Orange eingehalten.

Pflanzenhöhe

Die Pflanzen sind im **Verzeichnis der Sommerblumen** nach ihrer durchschnittlichen Größe in die Kategorien Groß, Mittel und Klein eingeordnet. Angegeben werden jeweils die maximale Höhe und Breite eines Gewächses. Diese können allerdings je nach Standort, Wuchsbedingungen, Klima und Alter variieren.

Die Kategorien:

GROSS Über 45 cm
MITTELGROSS 15–45 cm
KLEIN Bis 15 cm

Symbole

Im **Verzeichnis der Sommerblumen** sind die bevorzugten Wuchs- und Temperaturansprüche jeder Pflanze durch Symbole angegeben. Zusätzlich sollten jedoch die konkreten Klima- und Bodenbedingungen des gewählten Standorts berücksichtigt werden, da sie ebenfalls Einfluß auf das Gedeihen haben.

🏆 Mit diesem Symbol werden Pflanzen von außergewöhnlicher Qualität und Verläßlichkeit gekennzeichnet. Sie sind sehr robust und widerstandsfähig gegen Schädlingsbefall oder Krankheiten. Überdies kommen sie ohne besondere Pflege aus.

- Bevorzugt Sonne
- Bevorzugt Halbschatten
- Verträgt Schatten
- Bevorzugt gut durchlässige Böden
- Bevorzugt feuchte Böden
- Bevorzugt nasse Böden
- pH Braucht saure Böden

- ❄ Frostempfindlich – verträgt Temperaturen bis 0 °C
- ❄❄ Halbwinterhart – verträgt Temperaturen bis -5 °C
- ❄❄❄ Vollständig winterhart

SYSTEMATIK DER PFLANZENBESCHREIBUNGEN

GRUNDSÄTZLICHE ZUORDNUNG
Das Verzeichnis ist nach der durchschnittlichen Höhe der Pflanzen geordnet.

Die Familie

Deutscher Name

Botanischer Name

48 • GROSS

Compositae/Asteraceae | SOMMERASTER

CALLISTEPHUS CHINENSIS 'Compliment Light Blue'
Wuchs Straff aufrechte, schnellwüchsige, buschige Einjährige. ***Blüten*** Hellblau; Strahlen gerollt, gefüllt. Juli–September. ***Blätter*** Eiförmig; mittelgrün.
• HERKUNFT Art: Hänge und Brachland in China. Sorte: Züchtung.
• KULTUR An geschützten Standorten in nährstoffreichen, neutralen bis basischen, feuchten, aber gut durchlässigen Böden in voller Sonne.
• VERMEHRUNG Aussaat im zeitigen Frühjahr bei 16 °C unter Glas oder ab Mitte Mai im Freiland.

HÖHE 70 cm
BREITE 20 cm

Malvaceae

ANODA CRISTATA 'Opal Cup'
Wuchs Wuchskräftige, aufrechte, buschige Einjährige. ***Blüten*** Hell silbriglila, dunkler geadert; tellerförmig, 5 cm breit. Sommer–Herbst. ***Blätter*** Handförmig, gelappt oder ungelappt, ganzrandig oder gezähnt; mittelgrün, mit purpurnen Malen.
• HERKUNFT Züchtung.
• KULTUR Liebt feuchte, aber gut durchlässige Böden und Sonne. Stützen. Welke Blüten regelmäßig entfernen. Für Beete und Rabatten.
• VERMEHRUNG Aussaat bei 13–15 °C unter Glas im zeitigen Frühjahr oder im Freiland im Frühjahr.

HÖHE Bis 1,5 m
BREITE 60 cm

Leguminosae/Papilionaceae

LUPINUS NANUS 'Pixie Delight'
Wuchs Aufrecht oder verzweigt wachsende Einjährige. ***Blüten*** Weiß, rosa, blau oder violett, zum Teil mehrfarbig; Schmetterlingsblüten, in bis zu 20 cm langen Trauben. Blütezeit Juni–Juli. ***Blätter*** Fingerförmig geteilt, behaart; mittelgrün.
• HERKUNFT Züchtung.
• KULTUR In leichte, schwach saure Sandböden in sonnigen bis halbschattigen Lagen pflanzen. Für Sommerbeete oder Einjährigenrabatten geeignet.
• VERMEHRUNG Angeritzte oder vorgequollene Samen im Frühjahr im Saatbeet aussäen.

HÖHE 50 cm
BREITE 25 cm

Convolvulaceae | DREIFARBIGE PRUNKWINDE

IPOMOEA TRICOLOR 'Himmelblau'
Wuchs Windende Einjährige. ***Blüten*** Tief azurblau, mit weißem Schlund; trichterförmig, 8 cm breit. Blütezeit August–Oktober, in den Tropen ganzjährig. ***Blätter*** Ei- bis herzförmig; hell- bis mittelgrün.
• HERKUNFT Art: Tropische Wälder in Mittel- und Südamerika. Sorte: Züchtung.
• KULTUR In nährstoffreichen, feuchten, durchlässigen Böden an sonnigen, geschützten Plätzen.
• VERMEHRUNG Angeritzte oder vorgequollene Samen einzeln bei 18 °C aussäen und warm halten. Bei zu niedrigen Temperaturen keimen sie nicht.

Min. 7 °C
HÖHE 3–4 m

PFLANZENPORTRÄTS
Das Farbfoto zeigt das charakteristischste Merkmal der beschriebenen Sommerblume und ihre Farbe (siehe auch Farbpalette auf der vorhergehenden Seite).

EINTRÄGE
Hier werden Wuchs, Blüten, Früchte und Blätter beschrieben. Es folgen Informationen über Herkunft, Kultur und Vermehrung sowie gegebenenfalls weitere botanische Namen.

SONDERKAPITEL
Für Gärtner besonders interessante Pflanzengattungen sind in separaten Sonderkapiteln zusammengefaßt. Auf eine kurze Einführung mit allgemeinen Informationen über Aussehen, Verwendung, Kultur und Vermehrung folgen detaillierte Einzelbeschreibungen.

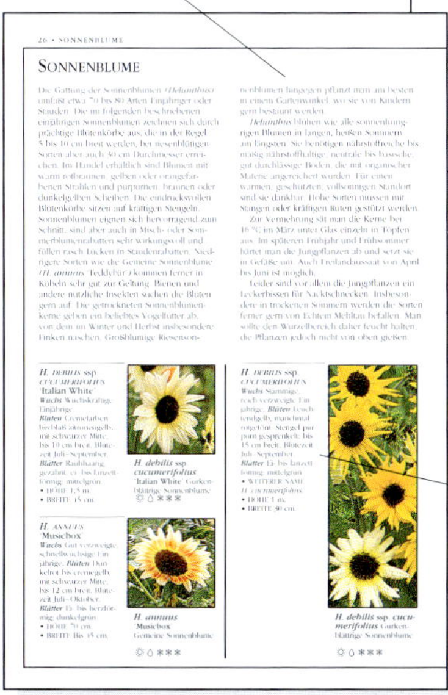

26 • SONNENBLUME

SONNENBLUME

H. debilis ssp. *cucumerifolius* 'Italian White'

H. annuus 'Musicbox'

SYMBOLE
Sie geben Hinweise auf bevorzugte Lichtverhältnisse, Bodenfeuchtigkeit sowie die Winterhärte (siehe **Symbole** auf der vorhergehenden Seite). Bei manchen nicht winterharten Pflanzen wird die Mindesttemperatur angegeben.

MASSE
Die Angaben über maximale Höhe und Breite gelten für ausgereifte Gewächse während der Blüte.

PFLANZENBESCHREIBUNGEN
Wie bei den Eintragungen im Hauptverzeichnis folgen auf eine kurze Beschreibung nützliche Tips zu Kultur und Vermehrung, sofern darauf nicht bereits in der Einleitung zum Sonderkapitel eingegangen wurde.

Sommerblumen im Garten

Die meist als Sommerblumen bezeichneten Ein- und Zweijährigen zählen zu den dankbarsten und preiswertesten Gartenpflanzen. Kaum eine andere Gruppe wartet mit einer solch enormen Vielfalt an Farben, Formen und Düften auf. Für nahezu alle Wuchsbedingungen und Standorte lassen sich Sommerblumen finden. Die meisten Ein- und Zweijährigen stellen ihre Blüten von Juli bis September zur Schau, doch nicht wenige erfreuen auch bis weit in den Herbst hinein durch farbenprächtigen Flor.

Was sind Ein- und Zweijährige?

Echte Einjährige sind kurzlebige Pflanzen, die innerhalb einer Wachstumsperiode heranwachsen, blühen, Samen bilden und absterben. Winterharte Einjährige werden durch Freilandaussaat im Frühjahr vermehrt. Möchte man eine relativ zeitige Blüte erreichen, sät man sie schon im Frühherbst des Vorjahres. Bei nicht vollständig winterharten oder gar frostempfindlichen Sommerblumen indes ist eine Aussaat unter Glas im Spätwinter beziehungsweise zeitigen Frühjahr erforderlich. Man setzt sie erst nach draußen, wenn keine Frostgefahr mehr besteht. Manche frostempfindlichen Einjährigen werden im Frühjahr direkt im Freiland ausgesät, sobald sich der Boden etwas erwärmt hat.

Die Aussaat von Zweijährigen erfolgt im Sommer. Sie treiben noch im selben Jahr aus, entwickeln jedoch erst in der zweiten Vegetationsperiode Blüten und Samen, bevor sie eingehen.

Manche kälteempfindlichen Stauden, etwa Pelargonien oder Springkraut *(Impatiens)*, blühen bereits im Jahr der Aussaat. Sie können wie nicht winterharte Einjährige gezogen werden und zeigen sich dann oft wuchskräftiger

Sommerliche Pracht
Kleine Gartenbereiche lassen sich durch farbenfrohe Arrangements mit Springkraut (Impatiens), *üppigen Lobelien, Petunien und Spaltblumen* (Schizanthus) *überaus freundlich gestalten.*

Blüten-kompositionen
Frostempfindliche wie winterharte Blumen werden in zwanglos verteilten Flecken wildwuchsähnlich ausgesät und verwandeln den Garten den ganzen Sommer über in ein leuchtendes Blütenmeer.

und blühfreudiger als ihre mehrjährig kultivierten Pendants.

Ein- und Zweijährige sind in einer Vielzahl von Größen und Wuchsformen erhältlich. Die Palette reicht von kompakten, niedrigen Polstern wie dem Leberbalsam *(Ageratum houstonianum)* bis hin zu stattlichen Stauden wie der Stockmalve *(Alcea rosea)*.

Gartengestaltung mit Sommerblumen

Ein- und Zweijährige werden traditionell in Beeten und Rabatten gepflanzt, die ausschließlich für sie reserviert sind. Im Nu läßt sich mit ihnen ein Blüten- und Farbenmeer herbeizaubern. Vor allem neue Anlagen erfüllen sie mit Leben, bis sich mehrjährige Pflanzungen etablieren. Ihre Vielseitigkeit macht sie ferner zu idealen Begleitern anderer Gewächstypen in älteren Gärten.

Zahlreiche Sommerblumen werden in Mischungen mit einer breiten Palette leuchtender Farben angeboten. In geeigneten Gartenbereichen setzt ihre überbordende Pracht unübersehbare Akzente. Schwieriger ist es, Pflanzungen in gedämpfteren Farbschattierungen anzulegen. Da aber viele Samenmischungen heute durchaus auch einfarbig oder sogar in Pastelltönen erhältlich sind, dürften selbst ausgefeilte Arrangements in harmonischen Farbkompositionen keine größeren Probleme mehr bereiten. Abschnitte mit reinweißen Blüten oder Blöcke aus frischgrünen Blattschmuckpflanzen etwa setzen ein Gegengewicht zu Gruppen in Scharlach-, Magenta- oder Orangerot und verhindern, daß diese Farben dominierend oder gar aufdringlich wirken. Arten mit einer Belaubung in kühlen Grau- oder Graugrüntönen, wie das Einjährige Schleierkraut *(Gypsophila elegans)* oder der Schnee auf dem Berge *(Euphorbia marginata)*, kontrastieren mit burgunder-, karmin- oder purpurroten Sommerblumen und betonen dadurch gleichzeitig deren kräftige Farbe.

Das Geheimnis attraktiver Rabatten liegt im ausgewogenen Miteinander facettenreicher Laubformen, strukturbetonter Pflanzen und harmonischer Farbzusammenstellungen.

Formale Anlagen
Zwischen Lavendel- und Buchsbaumhekken setzt man kompakte Sommerblumen in einheitlichen Tönungen, beispielsweise Ringelblumen (Calendula) *oder Pelargonien. So entstehen lebhafte Farbflächen mit abwechslungsreichen Mustern.*

Zypressenartige Kegel wie der Feuerbusch *(Kochia scoparia* 'Trichophylla'*)* mit seinem fedrigen, smaragdgrünen Laub oder die unübersehbaren, bronzeroten Blätter des Afrikanischen Wunderbaums *(Ricinus communis* 'Impala'*)* sorgen für Formkontraste und auffallende Färbungen.

Da Sommerblumen in mannigfachen Größen und Wuchsgestalten erhältlich sind, ist auch der Formenvielfalt in Rabatten kaum Grenzen gesetzt. Von vielen Arten werden niedrige wie hohe Sortenmischungen angeboten. Die meisten matten- oder polsterbildenden Pflanzen eignen sich für den Vordergrund von Rabatten, wo sie die Kanten von Begrenzungen überwuchern und so deren Strenge etwas mildern, kommen aber auch als Gefäßkulturen in Innenhöfen oder auf Terrassen ausgezeichnet zur Geltung. Kriechende oder kletternde Sommerblumen, etwa Wicken *(Lathyrus)*, verleihen einem Arrangement Höhe, wenn man sie an einer Wand oder einem Gerüst hochzieht beziehungsweise über Mauerkronen oder Böschungen wachsen läßt. Unübertroffen als Blickfang in Pflanzungen sind stattliche Arten mit hohen Blütentrauben wie der Rote Fingerhut *(Digitalis purpurea)* oder andere Gewächse mit auffälligem Habitus, etwa die Gewöhnliche Eselsdistel *(Onopordum acanthium)*.

Sommerblumenrabatten

Beete oder Rabatten für Ein- und Zweijährige setzen in Gärten aller Stilrichtungen fast das ganze Jahr über wirkungsvolle Farbakzente. Die Sorten des bis in den November hinein und schon wieder ab März blühenden Gartenstiefmütterchens *(Viola x wittrockiana)* wurden speziell gezüchtet, um Farbe in das herbstliche und winterliche Grau zu bringen.

Gewinnt der Frühling allmählich die Oberhand, gesellen sich Goldlack *(Cheiranthus)*, Vergißmeinnicht *(Myosotis)* und Primeln *(Primula)* zu ihren farbenfrohen Blüten. Und sobald die Primeln ihre Köpfchen hängen lassen, wartet schon eine schier endlose Zahl von Ein- und Zweijährigen darauf, während der Sommer- und Frühherbsttage ihre Pracht zeigen zu dürfen.

Der Phantasie beim Ersinnen prachtvoller Kompositionen sind keine Grenzen gesetzt. Oftmals allerdings erreicht man gerade mit einer begrenzten Auswahl aufeinander abgestimmter Farben die größte Wirkung, etwa durch die Kombination von leuchtenden Orangetönen mit warmem Gelb und feurigem Rot oder durch die Verbindung von verhaltenen Rosaschattierungen, zartem Lilarosa und kühlem Blau. Doch auch die einfache Gegenüberstellung komplementärer Farben wie Blau und Gelb ist nicht ohne Reiz. Stets harmonisch erscheint ein Beet, wenn sich Sommer-

Mischrabatten

Werden Ein- und Zweijährige wie ein Farbteppich um längerlebige Staudenpflanzungen drapiert, lassen sich erstaunliche Wirkungen erzielen. Viele Sommerblumen säen sich anschließend selbst aus und bilden so eine natürlich wirkende Anlage im Bauerngartenstil.

blumengruppen zu Farbblöcken ordnen und ein rhythmisch verwobenes Arrangement bilden. Einzeln stehende Gewächse dagegen wirken leicht isoliert und schwächen den Gesamteindruck, falls es sich nicht um dominante Leitpflanzen handelt.

Formale Anlagen

Streng formale Pflanzungen, wie sie vor allem im letzten Jahrhundert populär waren, erleben derzeit eine Renaissance. So greift man immer häufiger auf die traditonellen Anlagen mit geometrischen Mustern und Parterres zurück. Althergebrachte Beetstrukturen werden an moderne Kleingärten angepaßt. Viele neuere Sorten sind durch ihre einheitliche Größe, Form, Wuchskraft, Farbintensität und Farbtönung wie geschaffen für formale Beete. Da sie dicht und regelmäßig wachsen, können sie zu komplexen Mustern arrangiert werden – ob in Kombination mit dauerhaften Pflanzungen wie Buchsbaumhecken oder als Bestandteil von Gärten, in denen Ziegelmauern, Kiesflächen und ähnliche bauliche Strukturen das Gesamtbild prägen.

Misch- und Staudenrabatten

Eine wichtige Rolle spielen Sommerblumen als Farbtupfer zwischen dauerhafteren Anlagen aus Sträuchern, Stauden und Zwiebelpflanzen. Sie erhöhen nicht nur deren Farben- und For-

Farbenteppich

Im kühlen Schatten von Gehölzen fühlt sich das Springkraut (Impatiens) *wohl, das den Blick hier als lebendiger, leuchtender Bodendecker fesselt.*

menvielfalt, sondern zeigen ihre Blüten auch noch, wenn ihre längerlebigen Nachbarn im Jahreslauf schon längst uninteressant geworden sind. Denn im Gegensatz zu vielen Sträuchern und Stauden mit zwar eindrucksvoller, aber kurzer Blütenpracht zeichnen sich die meisten Ein- und Zweijährigen durch langen Flor aus. Sät man sie alljährlich neu aus, können sie vorzüglich als Ergänzung bestehender farblicher Arrangements eingesetzt werden. Läßt man hingegen eine Selbstaussaat zu, erscheinen winterharte Arten immer wieder aufs neue und werden zu einem wohlkalkulierten, festen Gartenbestandteil. Dies ist besonders von Vorteil, wenn zwanglose Elemente oder gar naturnaher Wildwuchs gewünscht sind: Wählt man Gewächse mit interessanter Farbe oder Form, macht gerade das Unberechenbare den Reiz aus. Ideal ist die Selbstaussaat ferner, um benachbarte Farbblöcke an ihren Grenzen effektvoll ineinander übergreifen zu lassen. Vor allem die Braut in Haaren *(Nigella damascena)* mit ihrem fein fiederteiligen Laub und den blauen Blüten eignet sich vorzüglich als »Grenzgänger«. Für ein weiteres reizvolles Element sorgen Gewächse wie die Abendlevkoje *(Matthiola longipetala* ssp. *bicornis)* oder *Mentzelia lindleyi*: Die Blüten dieser schlanken Einjährigen duften nachts intensiv und gedeihen am besten locker zerstreut zwischen anderen, längerlebigen Gewächsen.

Sommerblumen leisten als zeitweilige Füllpflanzen in Misch- und Staudenrabatten wertvolle Dienste. Lücken entstehen etwa, wenn Saatgut nicht aufgeht oder – was häufiger vorkommt – mehrjährige Gewächse absterben. Zuweilen ziehen Stauden auch unmittelbar nach der Blüte ein und hinterlassen eine Lücke, die sich beispielsweise durch das Einjährige Schleierkraut *(Gypsophila elegans)* hervorragend füllen läßt. Wählen Sie stets Pflanzen, deren Größe und Farbe sich harmonisch in den Gesamteindruck einfügen.

Vertikale Arrangements
Ampeln und Blumenkästen mit aufrecht wachsenden und hängenden Sommerblumen in leuchtenden Farben wurden hier phantasievoll zur Begrünung einer kahlen Mauer eingesetzt. Vertikale und horizontale Linien vereinen sich zu einem dichten Blütenschleier.

Sommerblumen in Gefäßen

Dem Hobbygärtner steht eine breite Palette von Gefäßen zur Verfügung. Töpfe, Tröge, Blumenkästen und Ampeln lassen sich hübsch bepflanzen und sorgen in verschiedenen Gartenbereichen für malerische Blütenpracht. Die meisten Sommerblumen gedeihen in Pflanzbehältern problemlos – ob allein oder in Gesellschaft von längerlebigen Nachbarn. Durch ihre einheitliche Wuchsform, ihre lange Blütezeit und die vor allem für moderne F1- und F2-Hybriden charakteristische Farbzuverlässigkeit machen sie Gefäße zu lebendigen, dauerhaften Schmuckstücken.

Niederliegende oder hängende Blumen haben ihren angestammten Platz in Ampeln oder Fensterkästen und eignen sich hervorragend zum Kaschieren von ansonsten recht nüchtern wirkenden Behältern. Gute Dienste leisten dabei etwa das Männertreu *Lobelia erinus* der Cascade-Serie, Gartenverbenen *(Verbena x hybrida)* und efeublättrige Pelargonien. Sie alle sind in vielen Farbvarianten erhältlich, so daß den Kombinationsmöglichkeiten in Gefäßen keine Grenzen gesetzt sind. Durch die Verwendung von Hängepflanzen in Wandtrögen und Balkon- oder Blumenkästen gewinnt ein Arrangement oft auch an Höhe. Besonders nützlich ist dies überall dort, wo das Platzangebot begrenzt ist, etwa in kleinen Höfen oder auf Terrassen.

Geschützte Winkel

Viele Sommerblumen, die zu empfindlich für offene Standorte im Garten sind, gedeihen vorzüglich in Gefäßen an einem warmen, sonnigen Platz im Schutz einer Hausmauer. Achten Sie jedoch darauf, daß in solchen Winkeln kein Zug herrscht. Auch die Lichtverhältnisse müssen den heiklen Blühern behagen.

In Gefäßen braucht die Blüte von Ein- und Zweijährigen keineswegs auf die Sommermonate beschränkt zu bleiben. Zwar zeigen nur einige wenige Zimmerpflanzen ihre Pracht auch während der kältesten Monate des Jahres, doch wetteifern etwa Primeln *(Primula)* bereits vom Spätwinter an um die Gunst des Betrachters. Und auch das Gartenstiefmütterchen *(Viola x wittrockiana)* gehört zu den Frühstartern. An geschützten Standorten blüht es zudem noch bis weit in den Herbst hinein.

Schnitt- und Trockenblumen

Sommerblüher liefern ausgezeichnete und oft ungewöhnliche Schnittblumen. In größeren Gärten lohnt es sich durchaus, eine ganze Rabatte ausschließlich ihnen zu widmen. Unerreicht als Schnittblumen sind Wicken *(Lathyrus)*, insbesondere die intensiv duftenden alten Züchtungen. Sonnenblumen *(Helianthus)* machen nicht nur im Garten Eindruck, sie kommen auch in Vasen gut zur Geltung und sind zudem recht preiswert. Strohblumen *(Helichrysum)* und auch Gewächse wie Rittersporn *(Consolida)*, Amarant *(Amaranthus)* und Meerlavendel *(Limonium)* lassen sich ausgezeichnet trocknen. Schützt man Trockengestecke vor direkter Sonneneinstrahlung, können sie ihre Farbe über ein Jahr lang bewahren.

Blumenkästen
Üppige Efeukaskaden bilden den Rahmen für eine subtile, zurückhaltende Komposition aus blaßgelben Begonien und lilablauen Stiefmütterchen. Betont werden die Farben durch die kräftigeren Blautöne der hängenden Lobelie.

Pflanzvorschläge für Sommerblumen

Für ungeschützte Standorte

Borago officinalis
Calendula
Centaurea cyanus
Chrysanthemum carinatum, C. coronarium, C. segetum
Clarkia
Dianthus barbatus, D. chinensis
Echium vulgare
Cheiranthus
Eschscholzia
Glaucium flavum
Iberis amara, I. umbellata
Lavatera trimestris
Linaria
Linum grandiflorum
Lobularia maritima
Malcolmia
Malope trifida
Oenothera biennis
Papaver rhoeas, P. somniferum
Rudbeckia hirta

Für trockenen Schatten

Digitalis purpurea
Matthiola longipetala ssp. *bicornis*

Für feuchten Schatten

Impatiens walleriana (Sorten)
Matthiola longipetala ssp. *bicornis*
Mimulus x hybridus 'Calypso', *M.* Malibu-Serie
Oenothera biennis
Viola x wittrockiana

Mit duftenden Blüten

Amberboa moschata
Dianthus chinensis
Cheiranthus cheiri
Exacum affine
Heliotropium (einige Arten)
Lathyrus odoratus
Lobularia maritima
Matthiola (die meisten Arten)
Nicotiana x sanderae (einige Sorten)
Primula (einige Arten)
Reseda odorata

Schnittblumen

Agrostemma githago 'Milas'
Antirrhinum (große Arten)
Calendula
Callistephus
Centaurea cyanus
Chrysanthemum carinatum, C. coronarium, C. segetum
Consolida ajacis
Coreopsis
Cosmos
Dianthus barbatus
Gaillardia pulchella
Gilia capitata
Gomphrena globosa
Gypsophila elegans
Helianthus annuus
Limonium sinuatum
Lunaria annua
Matthiola incana Brompton-Serie, M. Easth-Lothian-Serie, M. Ten-Week-Serie
Moluccella laevis
Nigella damascena
Psylliostachys suworowii
Rudbeckia hirta
Salvia viridis
Xeranthemum annuun
Zinnia

Trockenblumen

Ageratum
Amaranthus
Helichrysum
Briza maxima, B. minor
Calendula
Celosia
Centaurea cyanus
Clarkia
Consolida ajacis
Gomphrena globosa
Hordeum jubatum
Lagurus ovatus
Limonium sinuatum
Lonas annua
Moluccella laevis
Nigella
Salvia viridis

Einjährige Kletterer

Convolvulus tricolor (einige Sorten)
Eccremocarpus scaber
Quamoclit
Dolichos lablab
Lathyrus odoratus
Thunbergia alata
Tropaeolum (einige Arten)

Für Ampeln

Ageratum
Arctotis venusta
Begonia-Semperflorens-Hybriden
Brachycome iberidifolia
Convolvulus tricolor
Gazania
Impatiens walleriana (Sorten)
Lobelia erinus
Osteospermum (einige Arten)
Pelargonium (einige Arten)
Petunia
Verbena x hybrida

VERZEICHNIS DER

SOMMERBLUMEN

Scrophulariaceae	ROTER FINGERHUT, PURPURFINGERHUT

DIGITALIS PURPUREA 'Albiflora' 🏆

Wuchs Rosettenbildende Zweijährige. ***Blüten*** Weiß; fingerhutförmig, 2lippig, in hohen Trauben. Blütezeit Juni–August. ***Blätter*** Lanzettförmig, rauh, gezähnt, Unterseite graufilzig behaart; hellgrün.

- HERKUNFT Wälder und Hecken in Europa.
- KULTUR An sonnigen bis halbschattigen Standorten in feuchte, aber gut durchlässige Böden mit Laubhumus pflanzen. Verträgt trockene Böden.
- VERMEHRUNG Im späten Frühjahr im kalten Kasten aussäen. Sämlinge mit rot angelaufenen Adern entfernen, da diese rote Blüten tragen.

HÖHE
1–1,5 m

BREITE
60 cm

Caryophyllaceae	EINJÄHRIGES SCHLEIERKRAUT

GYPSOPHILA ELEGANS

Wuchs Aufrechte, zierliche, gabelig verzweigte Einjährige. ***Blüten*** Weiß oder rosa, zuweilen dunkel geadert; winzig, sternförmig, bis 1 cm breit, in lockeren Rispen. Blütezeit Mai–September. ***Blätter*** Schmal lanzettförmig; graugrün.

- HERKUNFT Geröll oder Sandböden in der Südukraine und der Türkei.
- KULTUR In tiefgründigen, leichten, stark durchlässigen, etwas kalkhaltigen Boden in der Sonne. Als Schnittblume oder für Rabatten.
- VERMEHRUNG Direktsaat im Freiland ab März.

HÖHE
60 cm

BREITE
30 cm

Malvaceae	

LAVATERA TRIMESTRIS 'Mont Blanc'

Wuchs Gedrungene, rauhhaarige Einjährige. ***Blüten*** Reinweiß; trichterförmig, 7–10 cm breit, seidig, einzeln in den oberen Blattachseln. Blütezeit Juli–Oktober. ***Blätter*** Rundlich, gelappt, 5–7lappig; dunkelgrün.

- HERKUNFT Züchtung.
- KULTUR An sonnigen, geschützten Standorten in leichten, gut durchlässigen Böden. Vorzüglich zum Schnitt, aber auch für Sommerblumenrabatten und Beete geeignet.
- VERMEHRUNG Freilandaussaat ab April.

HÖHE
50 cm

BREITE
45 cm

Papaveraceae	GROSSBLÜTIGER STACHELMOHN

ARGEMONE GRANDIFLORA

Wuchs Horstbildende, kurzlebige Staude oder Einjährige. ***Blüten*** Weiß oder gelb; mohnähnlich, seidig, bis 10 cm breit, einzeln oder zu mehreren. Juli–September. ***Blätter*** Tief eingeschnitten bzw. fiederteilig, stachelig gezähnt; blaugrün, weiß geadert.

- HERKUNFT Gestrüpp und Brachland in Mexiko.
- KULTUR In nährstoffarmem, durchlässigem Kiesboden. Für trockene, sonnige Böschungen. Welke Blüten entfernen. Neigt zur Selbstaussaat.
- VERMEHRUNG Im März Aussaat bei 18 °C in Gefäßen unter Glas. Ausgepflanzt wird ab Mai.

HÖHE
Bis 1,5 m

BREITE
Bis 40 cm

Compositae/Asteraceae	GOLDKAMILLE, MUTTERKRAUT

TANACETUM PARTHENIUM

Wuchs Buschig, kurzlebige Staude oder Einjährige. ***Blüten*** Weiß, mit gelber Mitte; margeritenähnliche, bis 3 cm breite Körbchen, duftend. Blütezeit Juni–September. ***Blätter*** Paarig gefiedert, Blättchen gekerbt oder ganzrandig; leuchtendgrün.

- HERKUNFT Wiesen in Europa.
- KULTUR In durchlässigen Böden. Für Kräutergärten oder als Rabatteneinfassungen. Selbstaussaat.
- VERMEHRUNG Freilandaussaat im Frühjahr.
- WEITERE NAMEN *Chrysanthemum parthenium, Pyrethrum parthenium.*

HÖHE
45–60 cm

BREITE
30 cm

Compositae/Asteraceae	SCHOPFLAVENDELBLÄTTRIGES BÄRENOHR

ARCTOTIS VENUSTA

Wuchs Breitwüchsige Staude, in Mitteleuropa einjährig gezogen. ***Blüten*** Weiß, mit blauer Mitte; Körbchenblüten. Blütezeit August–Oktober. ***Blätter*** Gelappt; dunkelgrün, Unterseite silbriggrün.

- HERKUNFT Trockene, steinige Böden in Südafrika.
- KULTUR Gedeiht in leichten, stark durchlässigen, aber feuchtigkeitsspeichernden Böden. Schöne Schnittblume.
- VERMEHRUNG Aussaat bei 16–18 °C im zeitigen Frühjahr. Nach den Eisheiligen auspflanzen.
- WEITERER NAME *A. stoechadifolia.*

Min. 5 °C

HÖHE
60 cm

BREITE
40 cm

Campanulaceae	

CAMPANULA PYRAMIDALIS

Wuchs Aufrechte, rosettenbildende Staude, zweijährig gezogen. ***Blüten*** Weiß oder blaßblau; duftend, becherförmig, in Trauben. Blütezeit Juni–August. ***Blätter*** Ei- bis lanzettförmig; frischgrün.

- HERKUNFT Norditalien, NW-Balkan.
- KULTUR Benötigt nährstoffreiche, feuchte, aber gut durchlässige, neutrale bis basische Böden und sonnige Standorte. Verträgt trockenen Untergrund. Muß gestützt werden.
- VERMEHRUNG Im späten Frühjahr durch Aussaat in Gefäßen im kalten Kasten.

HÖHE
Bis 3 m

BREITE
60 cm

Graminae/Poaceae	ZIERMAIS

ZEA MAYS 'Variegata'

Wuchs Festes, aufrecht wachsendes, einjähriges Gras. ***Blüten*** Strohgelb; einhäusig, männliche Ähren in endständigen Rispen, weibliche Blüten in langen, seidigen Kolben mit pergamentartigem Hochblatt (Lieschen), in den unteren Blattachseln. Juni–Juli. ***Blätter*** Lanzettförmig, zugespitzt, überhängend; mittelgrün, mit cremeweißen Streifen. ***Früchte*** Gelbe Kolben mit flachen, fleischigen, eßbaren Körnern.

• HERKUNFT Art: Feld- und Ackerränder in Mexiko. Wird seit mehreren tausend Jahren als Getreide angebaut. Sorte: Züchtung.

• KULTUR Braucht nährstoffreichen, feuchten, aber gut durchlässigen Boden und warme, sonnige, geschützte Lagen. Die Kolben reifen nur in langen, heißen Sommern heran. Boden vor der Aussaat mit Gärtnervlies oder ähnlichem vorwärmen. Ein hervorragender Blickfang in Mischrabatten oder zwischen Sommerblumen.

• VERMEHRUNG Samenkörner bei 18 °C im April oder Mai unter Glas aussäen. Sämlinge nach den Eisheiligen auspflanzen. Auch Freilandaussaat von Ende April bis Mitte Mai ist möglich.

☼ ◊ ❄

HÖHE
90 cm

BREITE
45–60 cm

Gentianaceae	PRÄRIEENZIAN

EUSTOMA GRANDIFLORUM

Wuchs Zierliche Ein- oder Zweijährige. ***Blüten*** Weiß, rosa oder blauviolett; glockenförmig, seidig, einzeln oder zu mehreren in den oberen Blattachseln. Juli–August. ***Blätter*** Ei- bis lanzettförmig; graugrün.

- HERKUNFT Feuchtgebiete und Prärien, USA.
- KULTUR In gut durchlässige, neutrale bis basische Böden an geschützten Standorten pflanzen. Zweijährig als Zimmer- oder Gewächshauspflanze ziehen.
- VERMEHRUNG Samen bei 13–16 °C im Januar bis Februar unter Glas aussäen.
- WEITERER NAME *E. russellianum.*

Min. 7 °C

HÖHE 60–90 cm

BREITE 30 cm

Pedaliaceae	

PROBOSCIDEA LOUISIANICA

Wuchs Klebrig-drüsig behaarte Einjährige. ***Blüten*** Cremeweiß, rotviolett gezeichnet; röhrenförmig, bis 5 cm lang. Juli–August. ***Blätter*** Ei- bis rautenförmig, gelappt, langgestielt; mittelgrün. ***Früchte*** Hängende Kapseln; reif braun.

- HERKUNFT Mittelamerika und südliche USA.
- KULTUR An geschützten, sonnigen Standorten in nährstoffreichen, gut durchlässigen Böden.
- VERMEHRUNG Aussaat unter Glas bei 21 °C im zeitigen Frühjahr.
- WEITERE NAMEN *P. jussieui, P. proboscidea.*

HÖHE 60 cm

BREITE 30 cm

Malvaceae	STUNDENEIBISCH

HIBISCUS TRIONUM

Wuchs Aufrechte, borstig behaarte Einjährige oder kurzlebige Zweijährige. ***Blüten*** Blaßgelb, mit schwärzlichem Schlund; offen trichterförmig, 8 cm breit. Juli–September. ***Blätter*** Gelappt, gesägt; dunkelgrün. ***Früchte*** Aufgeblasene Samenkapseln.

- HERKUNFT Ungewiß.
- KULTUR In neutralem bis schwach basischem Boden. Ideal für Sommerblumenrabatten oder Kübel.
- VERMEHRUNG Samen im Frühjahr eine Stunde vor der Aussaat in heißem Wasser einweichen und bei 18 °C unter Glas aussäen.

HÖHE 75 cm

BREITE 60 cm

Compositae/Asteraceae	SOMMERASTER

CALLISTEPHUS CHINENSIS Straußenfeder-Serie

Wuchs Buschige, schnellwüchsige Einjährige. ***Blüten*** Rosafarbene oder karminrote Körbchen. Juli–Oktober. ***Blätter*** Eiförmig bis dreieckig; dunkelgrün.

- HERKUNFT Art: Steinhänge und Geröllfelder in China. Sorte: Züchtung.
- KULTUR An geschützten Standorten in durchlässigen, neutralen bis basischen Böden. Ideal für das Sommer- oder Wildblumenbeet; gute Schnittblume.
- VERMEHRUNG Aussaat im zeitigen Frühjahr bei 16 °C unter Glas oder direkt im Freien ab Mitte Mai.

HÖHE 20–60 cm

BREITE 25–45 cm

Scrophulariaceae	ROTER FINGERHUT, PURPURFINGERHUT

DIGITALIS PURPUREA 'Apricot Shades'

Wuchs Rosettenbildende Zweijährige. ***Blüten*** Apricot bis rosa; fingerhutförmig, 2lippig, in hohen, zur Lichtseite hin gerichteten Trauben. Blütezeit Juni–August. ***Blätter*** Lanzettförmig, rauh, gezähnt, Unterseite graufilzig behaart; mittelgrün.
- HERKUNFT Züchtung.
- KULTUR An sonnigen bis halbschattigen Standorten in feuchte, aber gut durchlässige Böden mit Laubhumus pflanzen. Verträgt trockene Böden. Ideal für Mischrabatten und Gehölzpartien.
- VERMEHRUNG Im Juni im Freilandbeet.

HÖHE
60–80 cm

BREITE
60 cm

Malvaceae	STOCKMALVE, STOCKROSE

ALCEA ROSEA Majorette-Gruppe

Wuchs Staude, meist nur ein- oder zweijährig gezogen. ***Blüten*** Rosa, gelb oder apricot; trichterförmig, halbgefüllt, mit gefranstem, gekräuseltem Saum. Blütezeit Juli–September. ***Blätter*** Rundlich, gelappt, rauh behaart; mittelgrün.
- HERKUNFT Züchtung.
- KULTUR In gut durchlässigen Böden in der Sonne. Ideal für Misch- und Staudenrabatten.
- VERMEHRUNG Durch Aussaat im Freien im Juni oder Juli.
- WEITERER NAME *Althaea rosea* 'Majorette'.

HÖHE
60–80 cm

BREITE
30 cm

Compositae/Asteraceae	SOMMERASTER

CALLISTEPHUS CHINENSIS 'Riesenprinzeß'

Wuchs Buschige, schnellwüchsige, einjährige Sommerblume. ***Blüten*** Rosapurpurn, mit gelber Mitte; Blütenkörbchen mit entlang der Längsachse eingerollten Strahlenblüten. Blütezeit Juli–Oktober. ***Blätter*** Eiförmig bis dreieckig; dunkelgrün.
- HERKUNFT Züchtung.
- KULTUR An einem warmen Standort in gut durchlässigem, neutralem bis basischem Boden pflanzen. Hervorragende Schnittblume.
- VERMEHRUNG Im April oder Mai durch Aussaat bei 16 °C unter Glas oder ab Mitte Mai im Freiland.

HÖHE
75 cm

BREITE
20 cm

Compositae/Asteraceae	STERNBLUME, SOMMERCHRYSANTHEME, SOMMERMARGERITE

CHRYSANTHEMUM CARINATUM 'Court Jesters'

Wuchs Verzweigte, aufrechte, schnellwüchsige, Einjährige. ***Blüten*** Mehrfarbig, hauptsächlich weiß, scharlachrot, rotviolett oder gelb, mit rot oder orangefarben kontrastierendem Ring um eine purpurbraune Mitte; ungefüllte Körbchenblüten auf kräftigen Stengeln. Von Juni bis Oktober sehr zahlreich blühend. ***Blätter*** Doppelt fiederteilig, mit linealischen Abschnitten, fleischig, filigran; leuchtendgrün.

• HERKUNFT Art: Trockene Felder und Brachland in Marokko. Sorte: Züchtung.

• KULTUR Gedeiht am besten in mäßig nährstoffreichem, gut durchlässigem, neutralem bis schwach basischem Boden an vollsonnigen Standorten. Die Sorte 'Court Jesters' liefert hübsche Schnittblumen und ist in Sommerbeeten ebenso dekorativ wie als Füllpflanze in Misch- oder Staudenrabatten.

• VERMEHRUNG Durch Aussaat in Gefäßen im kalten Kasten im zeitigen Frühjahr oder im Freiland ab Mitte Mai. Nach dem Anwachsen Mitteltrieb stutzen, um buschigen Wuchs zu erhalten.

• WEITERER NAME *C. tricolor* 'Court Jesters'.

HÖHE
60 cm

BREITE
30 cm

Malvaceae	

LAVATERA TRIMESTRIS 'Pink Beauty'

Wuchs Buschige, reich verzweigte, rauhhaarige Einjährige. ***Blüten*** Blaßrosa, Mitte und Adern purpurn; trichterförmig, 7–10 cm breit, in den Blattachseln. Juli–Oktober. ***Blätter*** Rundlich, gelappt; mittelgrün.

- HERKUNFT Züchtung.
- KULTUR An sonnigen Standorten in leichten, mäßig nährstoffreichen, gut durchlässigen Böden. Vorzüglich zum Schnitt, aber auch für Sommerblumenrabatten und als Füllschmuck in Mischrabatten.
- VERMEHRUNG Aussaat im Freiland ab April oder unter Glas bei 15 °C von März bis Mai.

HÖHE 60 cm

BREITE 45–60 cm

Compositae/Asteraceae	

DAHLIA 'Redskin'

Wuchs Buschige Knollenpflanze, einjährig kultiviert. ***Blüten*** Lilarosa, scharlachrot oder orange; halbgefüllt bis gefüllt, 5 cm breit. Blütezeit Juni–Oktober. ***Blätter*** Eiförmig, gefiedert, gesägt; bronzefarben.

- HERKUNFT Züchtung.
- KULTUR In nährstoffreiche, feuchte, jedoch gut durchlässige, humusreiche Böden pflanzen. Liebt vollsonnige Standorte. Für Beete, Rabatteneinfassungen oder Blumenkästen geeignet.
- VERMEHRUNG Durch Aussaat bei 16 °C unter Glas im zeitigen Frühjahr.

HÖHE 45–60 cm

BREITE 45–60 cm

Compositae/Asteraceae	GARTENSTROHBLUME

HELICHRYSUM BRACTEATUM 'Silvery Rose'

Wuchs Aufrechte Einjährige oder Staude. ***Blüten*** Silbrigrosa; papierartige, gefüllte Körbchen. Juli–September. ***Blätter*** Lanzettförmig; graugrün.

- HERKUNFT Züchtung.
- KULTUR Bevorzugt feuchte, gut durchlässige Böden. Für Rabatten oder als Trockenblume.
- VERMEHRUNG Aussaat bei 18 °C ab März unter Glas in Gefäßen oder ab Mai im Freiland.
- WEITERER NAME *Bracteantha bracteata* 'Silvery Rose'.

HÖHE 75 cm

BREITE 30 cm

Onagraceae	NIEDLICHE SOMMERFUCHSIE

CLARKIA PULCHELLA Gefüllte Prachtmischung

Wuchs Zierliche, verzweigte Einjährige. ***Blüten*** Weiß, rosa oder lila; gefüllt, 5 cm breit, mit gelappten Kronblättern, in endständigen Trauben. Blütezeit Juli–August. ***Blätter*** Lanzettförmig, glatt; graugrün.

- HERKUNFT Art: Offene Lagen in Washington, Oregon, Montana (USA). Sorten: Züchtung.
- KULTUR In feuchten, jedoch gut durchlässigen, mäßig nährstoffreichen Böden. Schöne Schnittblumen.
- VERMEHRUNG Direktaussaat im Freiland ab Mitte April.

HÖHE 45 cm

BREITE 25 cm

Malvaceae	STOCKMALVE, STOCKROSE

ALCEA ROSEA Ungefüllte Mischung

Wuchs Aufrechte Stauden, meist zweijährig gezogen. ***Blüten*** Weiß, cremefarben, rosa, rot, gelb oder apricot; trichterförmig, 10 cm breit. Blütezeit Juli–September. ***Blätter*** Rundlich, gelappt; mittelgrün.
• HERKUNFT Züchtung. Stammt ursprünglich vermutlich aus Westasien.
• KULTUR In nährstoffreichen, durchlässigen Böden. Beliebte Bauerngarten- und Mischrabattenpflanze.
• VERMEHRUNG Durch Freilandaussaat im Juni/Juli.
• WEITERER NAME *Althaea rosea* Ungefüllte Mischung.

☼ ◊ ❄❄❄

HÖHE 1,5–2,5 m

BREITE 60 cm

Compositae/Asteraceae	

HELIPTERUM MANGLESII 🏆

Wuchs Zierliche, etwas fleischige Einjährige. ***Blüten*** Weiß, rosa oder rot mit gelber Mitte; erinnern an Gänseblümchen, mit trockenen Hochblättern. Juli–August. ***Blätter*** Schmal eiförmig; graugrün.
• HERKUNFT Trockene Gebiete in Westaustralien.
• KULTUR In kargen, leichten, gut durchlässigen Böden in voller Sonne. Dekorative Trockenblume. Ideal für Blumen- und Mischrabatten.
• VERMEHRUNG Durch Aussaat bei 16 °C unter Glas im zeitigen Frühjahr oder im Freiland ab Mai.
• WEITERER NAME *Rhodanthe manglesii.*

☼ ◊ ❄

HÖHE 60 cm

BREITE 15 cm

Compositae/Asteraceae	MUSCHELKOSMEE

COSMOS BIPINNATUS 'Sea Shells'

Wuchs Aufrechte, verzweigte Einjährige. ***Blüten*** Weiß, rosa oder karminrot, mit gelber Mitte; Körbchen, mit trichterförmig eingerollten Strahlen. Juli–Oktober. ***Blätter*** Doppelt fiederteilig; leuchtendgrün.
• HERKUNFT Züchtung.
• KULTUR Für mäßig nährstoffreiche, feuchte, durchlässige Böden und vollsonnige Standorte geeignet. Schöne Schnittblume. Auch in Blumenbeeten oder als Füllpflanze in Mischrabatten reizvoll.
• VERMEHRUNG Aussaat unter Glas bei 16 °C im März oder April oder Freilandaussaat im Mai.

☼ ◊ ❄

HÖHE 90 cm

BREITE 45 cm

SONNENBLUME

Die Gattung der Sonnenblumen *(Helianthus)* umfaßt etwa 70 bis 80 Arten Einjähriger oder Stauden. Die im folgenden beschriebenen einjährigen Sonnenblumen zeichnen sich durch prächtige Blütenkörbe aus, die in der Regel 5 bis 10 cm breit werden, bei riesenblütigen Sorten aber auch 30 cm Durchmesser erreichen. Im Handel erhältlich sind Blumen mit warm rotbraunen, gelben oder orangefarbenen Strahlen und purpurnen, braunen oder dunkelgelben Scheiben. Die eindrucksvollen Blütenkörbe sitzen auf kräftigen Stengeln. Sonnenblumen eignen sich hervorragend zum Schnitt, sind aber auch in Misch- oder Sommerblumenrabatten sehr wirkungsvoll und füllen rasch Lücken in Staudenrabatten. Niedrigere Sorten wie die Gemeine Sonnenblume *(H. annuus* 'Teddybär'*)* kommen ferner in Kübeln sehr gut zur Geltung. Bienen und andere nützliche Insekten suchen die Blüten gern auf. Die getrockneten Sonnenblumenkerne geben ein beliebtes Vogelfutter ab, von dem im Winter und Herbst insbesondere Finken naschen. Großblumige Riesensonnenblumen hingegen pflanzt man am besten in einem Gartenwinkel, wo sie von Kindern gern bestaunt werden.

Helianthus blühen wie alle sonnenhungrigen Blumen in langen, heißen Sommern am längsten. Sie benötigen nährstoffreiche bis mäßig nährstoffhaltige, neutrale bis basische, gut durchlässige Böden, die mit organischer Materie angereichert wurden. Für einen warmen, geschützten, vollsonnigen Standort sind sie dankbar. Hohe Sorten müssen mit Stangen oder kräftigen Ruten gestützt werden.

Zur Vermehrung sät man die Kerne bei 16 °C im März unter Glas einzeln in Töpfen aus. Im späteren Frühjahr und Frühsommer härtet man die Jungpflanzen ab und setzt sie in Gefäße um. Auch Freilandaussaat von April bis Juni ist möglich.

Leider sind vor allem die Jungpflanzen ein Leckerbissen für Nacktschnecken. Insbesondere in trockenen Sommern werden die Sorten ferner gern von Echtem Mehltau befallen. Man sollte den Wurzelbereich daher feucht halten, die Pflanzen jedoch nicht von oben gießen.

H. DEBILIS ssp. CUCUMERIFOLIUS 'Italian White'
Wuchs Wuchskräftige Einjährige.
Blüten Cremefarben bis blaß zitronengelb, mit schwarzer Mitte; bis 10 cm breit. Blütezeit Juli–September.
Blätter Rauhhaarig, gezähnt, ei- bis lanzettförmig; mittelgrün.
- HÖHE 1,5 m.
- BREITE 45 cm.

H. debilis ssp. ***cucumerifolius***
'Italian White' Gurkenblättrige Sonnenblume
☼ 💧 ❄❄❄

H. ANNUUS 'Musicbox'
Wuchs Gut verzweigte, schnellwüchsige Einjährige. ***Blüten*** Dunkelrot bis cremegelb, mit schwarzer Mitte; bis 12 cm breit. Blütezeit Juli–Oktober.
Blätter Ei- bis herzförmig; dunkelgrün.
- HÖHE 70 cm.
- BREITE Bis 45 cm.

H. annuus
'Musicbox'
Gemeine Sonnenblume
☼ 💧 ❄❄❄

H. DEBILIS ssp. CUCUMERIFOLIUS
Wuchs Stämmige, reich verzweigte Einjährige. ***Blüten*** Leuchtendgelb, manchmal rotgetönt, Stengel purpurn gesprenkelt; bis 15 cm breit. Blütezeit Juli–September.
Blätter Ei- bis lanzettförmig; mittelgrün.
- WEITERER NAME *H. cucumerifolius.*
- HÖHE 1 m.
- BREITE 30 cm.

H. debilis ssp. ***cucumerifolius*** Gurkenblättrige Sonnenblume
☼ 💧 ❄❄❄

H. Chrysanthemenblütige Serie
Wuchs Buschige, aufrechte, schnellwüchsige, reichblühende Einjährige. ***Blüten*** Goldgelb; gefüllte, 15 cm breite Körbchen. Blütezeit Juli–September. ***Blätter*** Eiförmig, gezähnt; mittelgrün.
- HÖHE 1,5 m.
- BREITE 30–45 cm.

H. Chrysanthemenblütige Serie

H. ANNUUS
Wuchs Kräftige, schnellwüchsige Einjährige. ***Blüten*** Goldgelb, mit brauner oder purpurner Mitte, manchmal rot oder purpurn getönt; bis 30 cm breit. Blütezeit Juli–Oktober. ***Blätter*** Herz- bis breit eiförmig, gezähnt und rauhhaarig; mittel- bis dunkelgrün.
- HÖHE Bis 4 m.
- BREITE 60 cm.

H. annuus
Gemeine Sonnenblume

H. ANNUUS
'Teddybär'
Wuchs Buschige, kompakte Einjährige. ***Blüten*** Goldgelb, mit kleiner, grünlichgelber Mitte; gefüllt, bis 13 cm breit. Blütezeit Juli–September. ***Blätter*** Ei- bis herzförmig; mittelgrün.
- HÖHE Bis 90 cm.
- BREITE 30 cm.

H. annuus
'Teddybär'
Gemeine Sonnenblume

H. ANNUUS
'Herbstschönheit'
Wuchs Robuste, schnellwüchsige Einjährige. ***Blüten*** Mahagoni- bis bronzerot, zitronen- oder goldgelb, mit dunkler getönten Ringen; bis 15 cm breit. Blütezeit Juli–Oktober. ***Blätter*** Breit eiförmig, gezähnt; mittelgrün.
- HÖHE Bis 1,5 m.
- BREITE 30–45 cm.

H. annuus
'Herbstschönheit'
Gemeine Sonnenblume

WICKE

Zur Gattung der Wicken *(Lathyrus)* gehören 150 Arten Einjähriger und Stauden, darunter viele Ranker. Die zahlreichen Sorten der einjährigen Duftwicke *(L. odoratus)* sind in unseren Gärten schon lange zu Hause. Sie zeigen ihre auffälligen, oft duftenden Schmetterlingsblüten den ganzen Sommer hindurch. Die Farbpalette umfaßt Weiß und verschiedene Creme-, Rosa-, Rot-, Purpur- und Blautöne, nicht aber Gelb. Daneben gibt es zwei- und mehrfarbige Züchtungen. Manche Blüten sind auch in kontrastierenden Farben überlaufen, gestreift oder gesprenkelt. Duftwicken werden in folgende Sortengruppen eingeteilt:

Alte Züchtungen Die ältesten Sorten zeichnen sich durch ihre intensiven Farben aus. Sie bringen zwar kleinere Blüten hervor als neuere Züchtungen, sind dafür aber besonders wohlriechend.

Buschwicken Diese Kultivare, zu denen auch die Knee-hi-Gruppe zählt, wachsen niedrig und kommen ohne Klettergerüst aus. Sie können als Bodendecker gezogen werden und liefern wertvolle Schnittblumen.

Spencer-Gruppe Die Züchtungen dieser Sortengruppe sind am weitesten verbreitet. Man läßt sie an Spalieren hochranken (siehe S. 174–177), um Ausstellungsblüten zu erhalten. Spencer-Sorten tragen große, mehr oder minder stark duftende Blumen mit gewellten Kronblättern.

Wicken zieht man in nährstoffreichen, feuchten, gut durchlässigen Böden in voller Sonne. Arbeiten Sie vor dem Pflanzen von Sorten gut verrottete organische Materie in den Untergrund ein, und bringen Sie während des Wachstums zweiwöchentlich einen ausgewogenen Dünger aus. Das Entfernen welker Blüten fördert die Blühfreudigkeit.

Zur Anzucht sät man im März Samen in Gefäßen in einem kalten Kasten aus. Ab Ende März bis Mai ist auch Freilandaussaat möglich. Bei Herbstaussaat in Gefäßen müssen Jungpflanzen frostfrei überwintert werden.

Nacktschnecken, Blattläuse und Thripse werden biologisch oder mit Insektiziden bekämpft. Um Echtem Mehltau vorzubeugen, sollte man nicht von oben gießen.

L. ODORATUS
Bijou-Gruppe
Wuchs Niedrige, buschige Einjährige. ***Blüten*** Weiß, rosa, rot oder blau; zartduftend, mit kleinen, gewellten Kronblättern. Blütezeit Juni–September. ***Blätter*** Paarig gefiedert, mit eiförmigen Blättchen; mittelgrün.
- HÖHE 45 cm.
- BREITE 45 cm.

L. odoratus
Bijou-Gruppe
(Niedrige Buschwicke)
Duftwicke, Edelwicke
☼ ◊ ❄❄❄

L. ODORATUS **'Selana'**
Wuchs Wuchsfreudige, rankende Einjährige. ***Blüten*** Weiß, Ränder zartrosa getönt; groß, duftend, zahlreich. Blütezeit Juli–September. ***Blätter*** Paarig gefiedert, mit eiförmigen Blättchen; mittelgrün.
- HÖHE 2 m.

L. odoratus 'Selana'
(Spencer-Gruppe)
Duftwicke, Edelwicke
☼ ◊ ❄❄❄

L. ODORATUS 'Xenia Field'

Wuchs Zierliche, relativ schnellwachsende, rankende Einjährige. ***Blüten*** Cremeweiß und zartrosa; groß, duftend, Kronblätter leicht gewellt. Blütezeit Juni–September. ***Blätter*** Eiförmig, paarig gefiedert; mittelgrün.
• HÖHE 2 m.

L. odoratus **'Xenia Field'** (Spencer-Gruppe) Duftwicke, Edelwicke

☼ ◊ ❄❄❄

L. ODORATUS 'Lady Diana'

Wuchs Zierliche, relativ schnellwachsende, rankende Einjährige. ***Blüten*** Blaß blauviolett; duftend, mit leicht gewellten Kronblättern. Blütezeit Juni–September. ***Blätter*** Eiförmig, paarig gefiedert; mittelgrün.
• HÖHE 2 m.

L. odoratus **'Lady Diana'** (Spencer-Gruppe) Duftwicke, Edelwicke

☼ ◊ ❄❄❄

L. ODORATUS 'Old-fashioned Mixed'

Wuchs Rankende, schnellwüchsige Einjährige. ***Blüten*** Weiß bis kräftig rosa, rot oder blau; klein, zart, stark duftend. Blütezeit Juni–September. ***Blätter*** Paarig gefiedert, mit eiförmigen Blättchen; mittelgrün.
• HÖHE 2 m.

L. odoratus **'Old-fashioned Mixed'** (Alte Züchtung) Duftwicke, Edelwicke

☼ ◊ ❄❄❄

L. ODORATUS Knee-hi-Gruppe

Wuchs Kräftige, buschige, schnellwüchsige Einjährige. ***Blüten*** Weiß, rosa, rot oder blau; duftend, mit leicht gewellten Kronblättern. Blütezeit Juni–September. ***Blätter*** Paarig gefiedert, mit eiförmigen Blättchen; mittelgrün.
• HÖHE Bis 1 m.
• BREITE Bis 1 m.

L. odoratus **Knee-hi-Gruppe** (Niedrige Buschwicke) Duftwicke, Edelwicke

☼ ◊ ❄❄❄

L. ODORATUS 'Red Ensign'

Wuchs Robuste, kräftige, rankende Einjährige. ***Blüten*** Intensiv scharlachrot, glänzend; groß, süßlich duftend, zahlreich. Blütezeit Juni–September. ***Blätter*** Paarig gefiedert, Blättchen eiförmig; mittelgrün.
• HÖHE 2 m.

L. odoratus **'Red Ensign'** (Spencer-Gruppe) Duftwicke, Edelwicke

☼ ◊ ❄❄❄

Levkoje

Zur Gattung der Levkojen *(Matthiola)* zählen etwa 55 Arten Einjähriger und Stauden sowie ein paar Halbsträucher. Besonderer Beliebtheit erfreuen sich die zahlreichen Sorten der Garten- oder Sommerlevkoje *(M. incana)*. Ihre süßlich duftenden Blüten sind für Frühjahrs- und Sommerbeete ebenso eine Bereicherung wie für Sommerblumenrabatten. Zudem liefern Levkojen hervorragende Schnittblumen. Die Gartenlevkojen werden gemeinhin in fünf Hauptgruppen unterteilt:

Brompton-Levkojen Die Sorten dieser Gruppe tragen hohe Blütenstände mit einfachen oder gefüllten Blüten.

East-Lothian-Levkojen werden ein- oder zweijährig gezogen und haben etwas kleinere Blüten in schlanken Trauben.

Ten-Week-Levkojen umfassen sowohl niedrige als auch hohe einjährige Sorten.

Stangenlevkojen mit ihren hohen, schlanken Ähren und meist gefüllten Blüten werden vor allem für Blumenarrangements verwendet. Man kann sie sowohl im temperierten Gewächshaus als auch im Freien ziehen.

Trysomic-Levkojen Diese buschigen Einjährigen bringen meist gefüllte Blüten hervor.

Ziehen Sie Levkojen in mäßig nährstoffreichen, feuchten, jedoch gut durchlässigen, neutralen bis leicht basischen Böden an geschützten, vollsonnigen Standorten. Hohe Sorten brauchen eine Stütze.

Einjährige sät man ab Ende März bei 10–18 °C unter Glas aus, Zweijährige im Hochsommer im Saatbeet. Jungpflanzen werden mit einer Plastikhaube vor Frost geschützt oder im kalten Kasten überwintert und im Frühjahr ausgepflanzt. Da gefüllte Sorten keinen Samen ansetzen, erfolgt die Nachzucht über einfachblühende Levkojen. Dazu kauft man Saatgut »allgefüllter« Sorten und sät aus. Sobald sich Keimblätter bilden, wird die Temperatur auf 10 °C gesenkt. Gefüllte Exemplare erkennt man am hellen Laub und selektiert sie entsprechend.

Gegen Blattläuse, Erdflöhe, Kohlfliegen und Kohlhernie setzt man biologische und chemische Bekämpfungsmittel ein. Da Levkojen auch von Mehltau und Grauschimmel befallen werden, sollte man sie nicht von oben gießen.

M. Ten-Week-Serie

Wuchs Kurzlebige Stauden oder Zweijährige, einjährig kultiviert. ***Blüten*** Weiß, rosa, karminrot, purpurn oder lila; duftend, kreuzförmig, meist gefüllt, in dichten, bis 15 cm hohen Trauben. Blütezeit Juni–September. ***Blätter*** Lanzettförmig; graugrün.

- HÖHE 30 cm.
- BREITE 25 cm.

M. **Ten-Week-Serie**
Gartenlevkoje

☼ 💧 ❄❄❄

M. 'Giant Imperial'

Wuchs Kurzlebige Staude oder Zweijährige, einjährig gezogen. ***Blüten*** Weiß bis creme- oder rötlichgelb; duftend, kreuzförmig, vorwiegend gefüllt, in langen, verzweigten Trauben. Blütezeit Juni–September. ***Blätter*** Lanzettförmig; graugrün.

- HÖHE 60 cm.
- BREITE 30 cm.

M. **'Giant Imperial'**
(Trysomic-Levkoje)
Gartenlevkoje

☼ 💧 ❄❄❄

M. longipetala ssp. *bicornis*

Wuchs Aufrechte bis breitwüchsige, verzweigte oder einstengelige Einjährige. ***Blüten*** Rosa, lilarosa oder purpurviolett; duftend, kreuzförmig, in dichten Trauben. Mai–Juni. ***Blätter*** Lanzettförmig; graugrün.

- WEITERER NAME *M. bicornis.*
- HÖHE 35 cm.
- BREITE 25 cm.

M. longipetala **ssp.** ***bicornis***
Abendlevkoje, Gemshorn

☼ 💧 ❄❄❄

M. 'Giant Excelsior'

Wuchs Aufrechte, kurzlebige Staude, ein- oder zweijährig gezogen. ***Blüten*** Weiß, rosa, rot oder blaßblau; duftend, kreuzförmig, meist gefüllt, in dichten, bis 40 cm hohen Trauben. Blütezeit Juni–September. ***Blätter*** Lanzettförmig; graugrün.
- HÖHE 75 cm.
- BREITE 30 cm.

M. 'Giant Excelsior'
(Stangenlevkoje)
Gartenlevkoje

M. Trysomic-Gruppe

Wuchs Kompakte Zweijährige oder kurzlebige Stauden, einjährig gezogen. ***Blüten*** Weiß, rot, gelb, lilarosa, purpurn oder violett; duftend, meist gefüllt, in Trauben, 15 cm hoch und höher. Juni–September. ***Blätter*** Lanzettförmig; graugrün.
- HÖHE 30 cm.
- BREITE 30 cm.

M. Trysomic-Gruppe
Gartenlevkoje

M. East-Lothian-Serie

Wuchs Kurzlebige Stauden, ein- oder zweijährig gezogen. ***Blüten*** Weiß, rosa, rot, purpurn oder gelb; duftend, einfach oder gefüllt. Blütezeit Mai–September. ***Blätter*** Lanzettförmig; graugrün.
- HÖHE 30 cm.
- BREITE 30 cm.

M. East-Lothian-Serie
Gartenlevkoje

M. Brompton-Serie

Wuchs Kurzlebige Stauden, ein- oder zweijährig gezogen. ***Blüten*** Weiß, rosa, rot, purpurn oder gelb; duftend, einfach oder gefüllt. Blütezeit Mai–September. ***Blätter*** Lanzettförmig; graugrün.
- HÖHE 45 cm.
- BREITE 30 cm.

M. Brompton-Serie
Gartenlevkoje

M. Cinderella-Serie

Wuchs Kurzlebige Stauden oder Zweijährige, einjährig kultiviert. ***Blüten*** Weiß, rosa, rot, purpurblau, lila oder graublau; gefüllt, in bis 15 cm hohen Trauben. Blütezeit Mai–August. ***Blätter*** Lanzettförmig; graugrün.
- HÖHE 25 cm.
- BREITE 25 cm.

M. Cinderella-Serie
(Brompton-Gruppe)
Gartenlevkoje

Malvaceae	STOCKMALVE, STOCKROSE

Alcea rosea

Wuchs Aufrechte Staude, meist zweijährig gezogen. ***Blüten*** Weiß, rosa, purpurn oder gelb; trichterförmig, in endständigen Trauben. Blütezeit Juli–September. ***Blätter*** Rundlich, gelappt; hellgrün.
- HERKUNFT Westasien; um 1573 in Europa eingeführt.
- KULTUR In mäßig nährstoffreichen, gut durchlässigen Böden. Für Bauerngärten, Wildblumenbeete oder Mischrabatten.
- VERMEHRUNG Aussaat im Freien im Juni oder Juli.
- WEITERER NAME *Althaea rosea*.

☼ ◊ ❄❄❄

HÖHE 1,5–2,5 m

BREITE 60 cm

Capparaceae	SPINNENPFLANZE

Cleome hassleriana 'Colour Fountain'

Wuchs Aufrechte Einjährige. ***Blüten*** Weiß, rosa, violettrosa oder rosarot; mit 4 Kronblättern, Staubblätter herausragend, in Trauben. Juli–Oktober. ***Blätter*** Ei- bis lanzettförmig, gefiedert; mittelgrün.
- HERKUNFT Züchtung.
- KULTUR In leichten, gut durchlässigen Sandböden an sonnigen, geschützten Standorten ziehen. Auch als Zimmer- oder Gewächshauspflanze geeignet. Für Rabatten oder als Schnittblume.
- VERMEHRUNG Im Frühjahr durch Aussaat bei 18 °C unter Glas.

☼ ◊

Min. 4 °C

HÖHE Bis 1,2 m

BREITE 45 cm

Compositae/Asteraceae	KORNBLUME

Centaurea cyanus Gefüllte Prachtmischung

Wuchs Einjährige Pflanze mit aufrechten Stengeln. ***Blüten*** Verschiedene Farben, darunter rosarot; halbkugelige Körbchen aus gefransten Röhrenblüten über zerschlitzten Hochblättern. Blütezeit Juni–September. ***Blätter*** Lanzettförmig; graugrün.
- HERKUNFT Art: Felder und Hecken in den nördlichen gemäßigten Breiten.
- KULTUR Verlangt gut durchlässige Böden und Sonne. Beliebte Schnitt- und Rabattenblume.
- VERMEHRUNG Freilandaussaat im April.

☼ ◊ ❄❄❄

HÖHE Bis 90 cm

BREITE 15 cm

Caryophyllaceae	KORNRADE

AGROSTEMMA GITHAGO 'Milas'

Wuchs Aufrechte, behaarte Einjährige. ***Blüten*** Magentarot; trompetenförmig, bis 5 cm breit, 5 Kronblätter, spitz zulaufende, behaarte Kelchblätter. Blütezeit Juni–September. ***Blätter*** Schmal lanzettförmig; graugrün.

- HERKUNFT Mittelmeerraum, aber in ganz Europa eingebürgert. Das früher häufige Getreideunkraut ist durch die moderne Saatgutreinigung und den Einsatz von Herbiziden seltener geworden.
- KULTUR Die Konrade verlangt leichte, karge, gut durchlässige Böden und Sonne. 'Milas' eignet sich für Wildblumenbeete und setzt als Füllpflanze in Rabatten oder Bauerngärten reizvolle Akzente. Mit Kornblumen *(Centaurea cyanus)*, Ackerwucherblumen *(Chrysanthemum segetum)* und Seidenmohn *(Papaver rhoeas)* bringt sie Farbe in Sommerwiesen. Durch Entfernen verwelkter Blütenstände läßt sich die Blühdauer verlängern. Sie sät sich von selbst aus, wenn die abgeblühten Blumen stehenbleiben.
- VERMEHRUNG Durch Aussaat im Freiland im zeitigen Frühjahr oder nach der Samenreife.
- WEITERER NAME *A. githago* 'Rose Queen'.

HÖHE
60–90 cm

BREITE
30 cm

Cruciferae	JUDASSILBERLING

LUNARIA ANNUA 'Variegata'

Wuchs Aufrecht wachsende Ein- oder Zweijährige. ***Blüten*** Purpurn bis purpurviolett; mit 4 Kronblättern, in Trauben. Blütezeit Mai–Juni. ***Blätter*** Ei- bis herzförmig; mittelgrün, mit cremeweißen Rändern. ***Früchte*** Eiförmige, durchscheinende Schoten.
- HERKUNFT Züchtung.
- KULTUR Gedeiht in nährstoffreichen, feuchten, aber gut durchlässigen Böden an sonnigen bis halbschattigen Standorten. Ideal in Bauerngärten, Gehölzpartien, Naturgärten oder Mischrabatten.
- VERMEHRUNG Freilandaussaat im Frühsommer.

HÖHE
90 cm

BREITE
30 cm

Cruciferae	JUDASSILBERLING

LUNARIA ANNUA

Wuchs Aufrecht wachsende Ein- oder Zweijährige. ***Blüten*** Weiß bis blaßpurpurn; 4blättrig, bis 1 cm breit, in beblätterten Trauben. Blütezeit Mai–Juni. ***Blätter*** Ei- bis herzförmig, gezähnt; mittelgrün. ***Früchte*** Eiförmige, durchscheinende Schoten.
- HERKUNFT Wälder und Brachland in Europa.
- KULTUR In nährstoffreichen, feuchten, aber gut durchlässigen Böden in der Sonne oder im Halbschatten ziehen. Die Fruchtstände sind ein begehrter Trockenschmuck.
- VERMEHRUNG Freilandaussaat im Frühsommer.

HÖHE
90 cm

BREITE
30 cm

Compositae/Asteraceae	PAPIERBLUME

XERANTHEMUM ANNUUM

Wuchs Zierliche, aufrecht verzweigte Einjährige. ***Blüten*** Rosa, karminrot oder purpurviolett; Blütenköpfchen mit papierartigen Hochblättern auf drahtigen Stengeln. Blütezeit Juli–September. ***Blätter*** Eiförmig, wollig behaart; silbriggrün.
- HERKUNFT SO-Europa bis in den Iran.
- KULTUR Gedeiht in leichten, gut durchlässigen, mäßig nährstoffreichen Böden in der Sonne. Ausgezeichnete Schnitt- und Trockenblume.
- VERMEHRUNG Aussaat unter Glas bei 16 °C im zeitigen Frühjahr. Ab Mitte Mai ins Freie setzen.

HÖHE
25–75 cm

BREITE
Bis 45 cm

Malvaceae

LAVATERA TRIMESTRIS 'Silver Cup'

Wuchs Buschige, kompakte, verzweigte, reichblühende Einjährige. ***Blüten*** Leuchtend rosarot, dunkel geadert; trichterförmig, mit seidigen Kronblättern, in den oberen Blattachseln sitzend. Blütezeit Juli–Oktober. ***Blätter*** Länglich, an der Basis herzförmig, gelappt; mittelgrün.

• HERKUNFT Art: Trockene Gebiete im Mittelmeerraum. Sorte: Züchtung.

• KULTUR Bevorzugt leichte, mäßig nährstoffhaltige, gut durchlässige Böden und geschützte Standorte in der Sonne. Zu nährstoffreicher Untergrund fördert das Blattwachstum auf Kosten der Blüte. Die Sorte 'Silver Cup' liefert dekorative Schnittblumen und eignet sich vorzüglich für Sommerblumenrabatten oder als Füllpflanze in Misch- und Staudenrabatten. Auch in Bauerngärten und Sommerbeeten bildet sie einen reizenden Blickfang. Sie verträgt Küstenbedingungen.

• VERMEHRUNG Freilandaussaat ab April oder bei 13 °C unter Glas von März bis Mai.

☼ ♢ ❄❄❄

HÖHE
Bis 75 cm

BREITE
45 cm

Scrophulariaceae	ROTER FINGERHUT, PURPURFINGERHUT

DIGITALIS PURPUREA Foxy-Gruppe

Wuchs Robuste, rosettenbildende Zweijährige, oft einjährig gezogen. ***Blüten*** Weiß, rosa, rot, cremegelb oder rotviolett gepunktet; glockig röhrenförmig, 2lippig, in Trauben. Blütezeit Juni–August. ***Blätter*** Ei- bis lanzettförmig; mittelgrün.

- HERKUNFT Art: Wälder und Hecken in Europa. Sorte: Züchtung.
- KULTUR In feuchten, aber gut durchlässigen Laubhumusböden. Für Rabatten und Gehölzpartien.
- VERMEHRUNG Im späten Frühjahr in Gefäßen im kalten Kasten aussäen.

HÖHE 90 cm

BREITE 60 cm

Compositae/Asteraceae	

COSMOS BIPINNATUS Sensation-Gruppe

Wuchs Aufrechte, reich verzweigte Einjährige. ***Blüten*** Weiß oder rosa; tellerförmig, 9 cm breit. Blütezeit Juli–Oktober. ***Blätter*** Doppelt fiederteilig, fast nadelförmig; mittelgrün.

- HERKUNFT Züchtung.
- KULTUR In feuchten, aber gut durchlässigen, mäßig nährstoffreichen Böden, an sonnigen Standorten. Für Misch-, Stauden- und Sommerblumenrabatten. Liefert dekorative Schnittblumen.
- VERMEHRUNG Im März oder April bei 16 °C aussäen oder im Mai direkt im Freiland.

HÖHE 90 cm

BREITE 45 cm

Scrophulariaceae	

REHMANNIA ELATA

Wuchs Rosettenbildende Staude, oft zweijährig gezogen. ***Blüten*** Purpurrosa, Schlund rot gepunktet; glockig röhrenförmig, 7–10 cm lang, nickend. Blütezeit Mai–Juni. ***Blätter*** Eiförmig, gelappt, gezähnt; mittelgrün.

- HERKUNFT Steinige Lagen und Wälder in China.
- KULTUR Für Rabatten oder das Kalthaus geeignet.
- VERMEHRUNG Durch Aussaat bei 13–16 °C im März (die Blüte beginnt dann im nächsten Frühjahr). Unter Glas überwintern.

HÖHE Bis 1,5 m

BREITE 50 cm

Malvaceae	

LAVATERA TRIMESTRIS 'Loveliness'

Wuchs Robuste, verzweigte, behaarte Einjährige. ***Blüten*** Tiefrosa, Schlund und Aderung purpurrosa; trichterförmig, 7–10 cm breit. Blütezeit Juli–Oktober. ***Blätter*** Länglich, leicht gelappt; mittelgrün.
- HERKUNFT Art: Trockene, steinige Lagen im Mittelmeerraum. Sorte: Züchtung.
- KULTUR In leichten, gut durchlässigen Böden. Vorzügliche Schnittblume, auch für Beete und Einjährigenrabatten geeignet.
- VERMEHRUNG Aussaat im Freiland ab April oder bei 10–13 °C unter Glas im zeitigen Frühjahr.

☼ ◊ ❄❄❄

HÖHE 1–1,2 m

BREITE 45 cm

Portulacaceae	

CALANDRINIA GRANDIFLORA

Wuchs Horstbildende, fleischige Staude, einjährig gezogen. ***Blüten*** Purpur- bis magentarot; becherförmig, in Doldentrauben. Blütezeit Juni–September. ***Blätter*** Eiförmig, abgeflacht; leuchtendgrün.
- HERKUNFT Trockene Felslagen in Chile.
- KULTUR In leichten, stark durchlässigen, schwach sauren Böden. Für sonnige Trockenhänge. Auch als Zimmer- oder Gewächshauspflanze geeignet.
- VERMEHRUNG Durch Aussaat bei 16–18 °C unter Glas im zeitigen Frühjahr. Alternativ im Herbst aussäen und Jungpflanzen bei 6 °C überwintern.

☼ ◊

Min. 6 °C

HÖHE Bis 60 cm

BREITE 45 cm

Scrophulariaceae	MAROKKO-LEINKRAUT, FRAUENFLACHS

LINARIA MAROCCANA 'Northern Lights'

Wuchs Einjährige, mit dünnen Zweigen und behaarten Blättern. ***Blüten*** Weiß, rosa, karminrot, lila, gelb, orangefarben, mit gelber oder orangefarbener Unterlippe; winzig, 2lippig, 1,5 cm lang, in lockeren Trauben. Blütezeit Juni–Juli. ***Blätter*** Linealisch; blaßgrün.
- HERKUNFT Art: Trockene, sonnige Lagen in Marokko. Sorte: Züchtung.
- KULTUR Bevorzugt leichte, gut durchlässige Sandböden und Sonne. Ein Blickfang in Sommerbeeten, auf Trockenhängen und in Kiespflanzungen.
- VERMEHRUNG Freilandaussaat Ende April.

☼ ◊ ❄❄❄

HÖHE 60 cm

BREITE 15 cm

Compositae/Asteraceae	SOMMERASTER

CALLISTEPHUS CHINENSIS Andrella-Serie (lachsrot)

Wuchs Aufrechte, buschige Einjährige. ***Blüten*** Lachsrot, Mitte gelb; einfache, bis 10 cm breite Körbchen. Juli–Oktober. ***Blätter*** Eiförmig, gezähnt; mittelgrün.
- HERKUNFT Züchtung.
- KULTUR Gedeiht am besten an geschützten, sonnigen Standorten in nährstoffreicher, feuchter, aber gut durchlässiger Erde. Schöne Schnittblume, auch für zwanglos angelegte Rabatten geeignet.
- VERMEHRUNG Im April oder Mai durch Aussaat bei 16 °C unter Glas oder ab Mitte Mai im Freiland.

HÖHE 60 cm

BREITE 45 cm

Malvaceae	TRICHTERMALVE, SOMMERMALVE

MALOPE TRIFIDA 'Vulcan'

Wuchs Aufrechte, verzweigt wachsende Einjährige. ***Blüten*** Leuchtend magentarot, dunkel geadert; breit trichterförmig, 8 cm im Durchmesser. Blütezeit Juli–Oktober. ***Blätter*** Eiförmig, gelappt; dunkelgrün.
- HERKUNFT Züchtung.
- KULTUR Benötigt feuchte, jedoch gut durchlässige Böden und vollsonnige Standorte. Mit Stäben abstützen. Für Bauerngärten sowie Sommerblumen- und Mischrabatten geeignet. Verträgt Halbschatten.
- VERMEHRUNG März–Mai bei 13–18 °C unter Glas oder ab April direkt im Freiland aussäen.

HÖHE 90 cm

BREITE 25 cm

Nyctaginaceae	WUNDERBLUME

MIRABILIS JALAPA

Wuchs Buschige Staude mit knolliger Wurzel, einjährig gezogen. ***Blüten*** Weiß, rosa, rot, magentarot oder gelb, oft unterschiedlich gefärbte Blüten an einer Pflanze; duftend, trichterförmig, 5 cm lang, an den Sproßenden. Juni–Oktober. ***Blätter*** Eiförmig; grün.
- HERKUNFT Trockene, offene Lagen in Südamerika.
- KULTUR In nährstoffreiche, gut durchlässige Böden pflanzen. Während des Wachstums reichlich gießen. Wurzelknollen frostfrei überwintern.
- VERMEHRUNG Aussaat unter Glas bei 13–18 °C im März oder Teilung der Knollen im Frühjahr.

HÖHE 60 cm

BREITE 60 cm

Boraginaceae	

ECHIUM WILDPRETII

Wuchs Robuste, verholzende Zweijährige. ***Blüten*** Rot; trichterförmig, in dichten, säulenförmigen Ähren, die 90 cm und länger werden. Blütezeit Juni–August. ***Blätter*** Schmal lanzettförmig, silbrig behaart; in einer grundständigen Rosette; hellgrün.

- HERKUNFT Steiniges Hügelland auf den Kanaren.
- KULTUR In durchlässigen Böden an vollsonnigen Plätzen. Formbetonte Leitpflanze für Rabatten.
- VERMEHRUNG Aussaat bei 13–16 °C im Sommer. Bei 5–7 °C überwintern.
- WEITERER NAME *E. bourgaeanum.*

☼ ◊ ❄

HÖHE 2 m

BREITE 60 cm

Compositae/Asteraceae	ZWERGDAHLIE

DAHLIA Unwins-Dwarf-Gruppe

Wuchs Niedrige, buschige Staude mit knolliger Wurzel, einjährig kultiviert. ***Blüten*** Weiß, rot oder gelb, zum Teil mit zusätzlicher Tönung; halbgefüllt oder gefüllt, 10 cm breit. Blütezeit Juli–Oktober. ***Blätter*** Eiförmig, gefiedert, gezähnt; mittelgrün.

- HERKUNFT Züchtung.
- KULTUR In nährstoffreiche, feuchte, doch gut durchlässige Böden pflanzen. Ideale Beet- und Schnittblume.
- VERMEHRUNG Aussaat bei 16 °C ab Februar.

☼ ◊ ❄

HÖHE 60 cm

BREITE 60 cm

Compositae/Asteraceae	SOMMERASTER

CALLISTEPHUS CHINENSIS Pompon-Serie

Wuchs Aufrechte, buschige Einjährige. ***Blüten*** Weiß, rosa, rot oder blau; gefüllte, 8 cm breite Körbchen. Juli–Oktober. ***Blätter*** Eiförmig, gezähnt; mittelgrün.

- HERKUNFT Züchtung.
- KULTUR Gedeiht am besten an geschützten, sonnigen Standorten in nährstoffreicher, feuchter, aber gut durchlässiger Erde. Eignet sich zum Schnitt, aber auch für zwanglos angelegte Rabatten und Beete.
- VERMEHRUNG Durch Aussaat im April oder Mai bei 16 °C unter Glas, ab Mitte Mai im Freiland.

☼ ◊ ❄

HÖHE 60 cm

BREITE 60 cm

Convolvulaceae	GEFIEDERTE STERNWINDE

QUAMOCLIT IPOMOEA

Wuchs Windende Einjährige. ***Blüten*** Weiß oder scharlachrot; schmal trichterförmig, 5 spreizende Saumlappen, Blütenstiele mehrblütig. Juli–August. ***Blätter*** Breit eiförmig, fiederteilig; dunkelgrün.
• HERKUNFT Wälder im tropischen Südamerika.
• KULTUR In feuchte, aber gut durchlässige Böden an windgeschützten, sonnigen Standorten pflanzen. Auch als Zimmer- oder Gewächshauspflanze.
• VERMEHRUNG Angeritzte oder vorgequollene Samen bei 18 °C im März säen. Für Wärme sorgen.
• WEITERER NAME *Ipomoea quamoclit*.

Min. 7 °C

HÖHE
2–6 m

Compositae/Asteraceae	STAUDENGAILLARDIE

GAILLARDIA X GRANDIFLORA 'Dazzler'

Wuchs Buschige, kurzlebige Staude, einjährig gezogen. ***Blüten*** Orangerote Strahlen mit gelber Spitze, Mitte dunkelrot; 7–14 cm breite Körbchen. Blütezeit Juni–September. ***Blätter*** Lanzettförmig, gelappt oder fiederteilig; graugrün.
• HERKUNFT Züchtung.
• KULTUR In nährstoffreichen, gut durchlässigen Böden in der Sonne. Für Mischrabatten und zum Schnitt geeignet.
• VERMEHRUNG Aussaat unter Glas bei 13–18 °C ab Ende März oder im Freiland im Mai.

HÖHE
60–85 cm

BREITE
45 cm

Scrophulariaceae	

ALONSOA MERIDIONALIS

Wuchs Buschiger Halbstrauch, einjährig gezogen. ***Blüten*** Weiß oder scharlachrot; gespornt, 2lippig, 1,5–2 cm breit, in lockeren Trauben. Blütezeit Juli–September. ***Blätter*** Ei- bis lanzettförmig, gezähnt; dunkelgrün.
• HERKUNFT Gestrüpp und Steinhänge in Peru.
• KULTUR In nährstoffreiche, gut durchlässige Böden oder Topferde mit Lehmanteil unter Glas pflanzen.
• VERMEHRUNG Durch Aussaat bei 18 °C unter Glas im März. Für Winterflor im Herbst säen.
• WEITERER NAME *A. warscewiczii*.

HÖHE
45–60 cm

BREITE
30 cm

Convolvulaceae	SCHARLACHROTE STERNWINDE

QUAMOCLIT COCCINEA

Wuchs Windende Einjährige. ***Blüten*** Scharlachrot, mit gelbem Schlund; 2 cm breit, Blütenstiele mehrblütig. Blütezeit Juli–Oktober. ***Blätter*** Herzförmig, ganzrandig oder gezähnt; mittel- bis dunkelgrün.
• HERKUNFT Südöstliche USA.
• KULTUR In feuchte, aber gut durchlässige Böden an warmen, sonnigen, geschützten Standorten pflanzen. Auch als Zimmer- oder Gewächshauspflanze.
• VERMEHRUNG Angeritzte oder vorgequollene Samen bei 18 °C im März säen und warm halten.
• WEITERER NAME *Ipomoea coccinea*.

Min. 7 °C

HÖHE
2–4 m

Amaranthaceae	KUGELAMARANT

GOMPHRENA GLOBOSA 'Strawberry Fields'

Wuchs Buschige, aufrechte, reichblühende Einjährige. ***Blüten*** Leuchtendrot; winzig, in 5 cm langen, kleeähnlichen, länglichen bis kugelförmigen Blütenköpfchen. Blütezeit Juli–Oktober. ***Blätter*** Eiförmig bis länglich, behaart; mittelgrün.

- HERKUNFT Züchtung.
- KULTUR Liebt gut durchlässige, mäßig nährstoffreiche Böden und vollsonnige Standorte. Für Sommerblumenrabatten geeignet, liefert aber auch schöne Schnitt- und Trockenblumen.
- VERMEHRUNG Aussaat bei 15–18 °C im März/Mai.

HÖHE
Bis 30 cm

BREITE
30 cm

Polemoniaceae	HIMMELSRAKETE

IPOMOPSIS AGGREGATA

Wuchs Schlanke, aufrechte Zweijährige. ***Blüten*** Weiß, rosa, rot, gelb oder gelb gepunktet; duftend, röhren- bis trichterförmig, in Trauben. Juli–September. ***Blätter*** Gefiedert, linealische Blättchen; mittelgrün.

- HERKUNFT Trockene Gebiete in Britisch-Kolumbien und Neumexiko, USA.
- KULTUR In nährstoffreichen, gut durchlässigen Böden ziehen. Ideal für das Gewächshaus oder die Sommerblumenrabatte. Unter Glas mäßig wässern und für gute Durchlüftung sorgen.
- VERMEHRUNG Aussaat bei 13–16 °C im Mai/Juni.

HÖHE
Bis 1 m

BREITE
30 cm

Malvaceae	STOCKMALVE, STOCKROSE

ALCEA ROSEA Summer-Carnival-Gruppe

Wuchs Kräftige, aufrechte Stauden, einjährig gezogen. ***Blüten*** Weiß, rosarot, rot oder gelb; trichterförmig, gefüllt, 5–10 cm breit. Blütezeit Juli–September. ***Blätter*** Rundlich, leicht gelappt, behaart; mittelgrün.

- HERKUNFT Züchtung.
- KULTUR Gedeiht in allen mäßig nährstoffreichen, gut durchlässigen Böden in der Sonne. Ausgezeichnet für Mischrabatten geeignet.
- VERMEHRUNG Durch Freilandaussaat im Juni oder Juli.
- WEITERER NAME *Althaea rosea* 'Summer Carnival'.

HÖHE
2–2,5 m

BREITE
60 cm

Solanaceae	TROMPETENZUNGE, BROKATBLUME

SALPIGLOSSIS SINUATA 'Splash'

Wuchs Aufrecht wachsende Einjährige. ***Blüten*** Grundfarbe rosa, rot, gelb oder mahagonibraun, mit ähnlichen oder kontrastierenden Tönen gezeichnet; trichterförmig, 5 cm breit, in den oberen Blattachseln. Juni–September. ***Blätter*** Lanzettförmig; blaßgrün.

- HERKUNFT Züchtung.
- KULTUR In feuchten, gut durchlässigen Böden an geschützten Standorten. Für Sommerbeete oder als Zimmerpflanze in lehmhaltiger Topferde.
- VERMEHRUNG Für das Freiland bestimmte Pflanzen im Frühjahr bei 18–24 °C unter Glas aussäen.

HÖHE 60 cm

BREITE 30 cm

Euphorbiaceae	AFRIKANISCHER WUNDERBAUM

RICINUS COMMUNIS 'Impala'

Wuchs Kompakter, aufrechter Strauch, einjährig gezogen. ***Blüten*** Männliche grünlichgelb, weibliche mit roter Narbe; in Rispen: im oberen Teil die weiblichen, im unteren die männlichen. August–Oktober. ***Blätter*** Handförmig, glänzend; bronzefarben.

- HERKUNFT Züchtung.
- KULTUR Hübsche Füllpflanze für Sommerbeete. Alle Pflanzenteile sind hochgiftig!
- VERMEHRUNG Im März bei 21 °C einzeln aussäen und bei 13 °C weiterkultivieren. Nach dem Durchwurzeln eintopfen, bis ausgepflanzt wird.

HÖHE 1,2 m

BREITE 60 cm

Malvaceae	STOCKMALVE, STOCKROSE

ALCEA ROSEA 'Chatersche Malven'

Wuchs Aufrechte Staude, zweijährig gezogen. ***Blüten*** Leuchtende Farben oder Pastelltöne in Weiß, Rosa, Rot, Purpur, Gelb oder Apricot; pomponartig gefüllt, 5–10 cm breit. Blütezeit Juli–September. ***Blätter*** Rundlich, behaart; mittelgrün.

- HERKUNFT Züchtung.
- KULTUR Gedeiht in allen mäßig nährstoffreichen, gut durchlässigen Böden in der Sonne. Schöner Blickfang in Mischrabatten und Bauerngärten.
- VERMEHRUNG Freilandaussaat im Juni oder Juli.
- WEITERER NAME *Althaea rosea* 'Chatersche Malven'.

HÖHE 2–2,5 m

BREITE 60 cm

Amaranthaceae	

AMARANTHUS HYPOCHONDRIACUS

Wuchs Aufrechte, buschige Einjährige. ***Blüten*** Karminrot; winzig, in fedrigen, aufrechten, etwa 15 cm langen Scheinähren. Blütezeit Juli–September. ***Blätter*** Schmal ei- bis lanzettförmig; dunkel- bis purpurgrün.

- HERKUNFT Südliche USA, Indien, China.
- KULTUR Braucht nährstoffreiche, feuchte, humusreiche Böden und warme, geschützte Standorte in der Sonne. Schöne Schnitt- und Trockenblume.
- VERMEHRUNG Aussaat bei 20 °C zwischen März und April unter Glas.

HÖHE 1,2 m

BREITE Bis 45 cm

Amaranthaceae	GARTENFUCHSSCHWANZ

AMARANTHUS CAUDATUS

Wuchs Aufrechte, buschige Einjährige. ***Blüten*** Karminrot bis purpurn; winzig, in hängenden, bis 60 cm langen Scheinähren. Blütezeit Juli–Oktober. ***Blätter*** Ei- bis spatelförmig; blaßgrün.

- HERKUNFT Acker- und Brachland in den Tropen.
- KULTUR In nährstoffreichen, feuchten Böden an warmen, sonnigen, geschützten Standorten. Dekorative Beet- und Rabattenpflanze, auch zum Schnitt und Trocknen geeignet.
- VERMEHRUNG Aussaat bei 20 °C im Frühjahr unter Glas, ab April auch im Freiland.

HÖHE
1–1,5 m

BREITE
45–75 cm

Compositae/Asteraceae	

HUMEA ELEGANS

Wuchs Aufrecht wachsende, aromatisch duftende Staude, zweijährig gezogen. ***Blüten*** Rötlichbraun; in fedrigen Blütenständen. Blütezeit Juni–September. ***Blätter*** Schmal lanzettförmig; dunkelgrün.

- HERKUNFT Australien.
- KULTUR Bevorzugt nährstoffreiche, gut durchlässige Böden. Als Zimmer- oder Gewächshauspflanze in Topferde mit Lehmanteil pflanzen.
- VERMEHRUNG Bei 13–18 °C im Hochsommer aussäen. Sämlinge frostfrei überwintern.
- WEITERER NAME *Calomeria amaranthoides.*

Min. 4 °C

HÖHE
1,2–2 m

BREITE
1 m

Chenopodiaceae	ROTE GARTENMELDE

ATRIPLEX HORTENSIS 'Rubra'

Wuchs Aufrechte Einjährige. ***Blüten*** Grün oder rotbraun; winzig, in endständigen, 20 cm langen, fedrigen Blütenständen. Blütezeit Juli–September. ***Blätter*** Lanzettförmig, fleischig, eßbar; tief blut- bis purpurrot.

- HERKUNFT Brach- und Ackerland in Asien. In Europa und Nordamerika eingebürgert.
- KULTUR Gedeiht in nährstoffreichen, gut durchlässigen Böden. Bei Trockenheit reichlich wässern, um Schossen zu vermeiden. Für Sommerbeete.
- VERMEHRUNG Freilandaussaat April oder Mai.

HÖHE
1,2 m

BREITE
30 cm

Convolvulaceae	DREIFARBIGE PRUNKWINDE

IPOMOEA TRICOLOR 'Flying Saucers'

Wuchs Windende Einjährige. ***Blüten*** Weiß oder violett marmoriert; trichterförmig, bis 10 cm breit. Blütezeit August–Oktober. ***Blätter*** Ei- bis herzförmig; hell- bis mittelgrün.

• HERKUNFT Art: Tropische Wälder in Mittel- und Südamerika. Sorte: Züchtung.

• KULTUR In nährstoffreichen, feuchten, aber gut durchlässigen Böden an geschützten, sonnigen Standorten. Auch im Zimmer oder Gewächshaus.

• VERMEHRUNG Angeritzte oder vorgequollene Samen einzeln bei 18 °C aussäen und warm halten.

Min. 7 °C

HÖHE 3–4 m

Dipsacaceae	KARDENDISTEL, WILDE KARDE

DIPSACUS FULLONUM

Wuchs Robuste, stachelige, rosettenbildende Zweijährige. ***Blüten*** Weiß oder lilarosa; winzig, in länglichen bis eiförmigen, 3–8 cm langen Blütenköpfen, von stechenden Hochblättern umgeben. Blütezeit Juli–August. ***Blätter*** Schmal ei- bis lanzettförmig, mit Stacheln besetzt; dunkelgrün.

• HERKUNFT Lichte Wälder in Europa und Asien.

• KULTUR Braucht karge bis mäßig nährstoffreiche Böden. Dekorativ in Naturgärten und Gehölzpartien.

• VERMEHRUNG Freilandaussaat im Frühjahr.

• WEITERER NAME *D. sylvestris.*

HÖHE 1,5–2 m

BREITE 30–80 cm

Campanulaceae	

TRACHELIUM CAERULEUM

Wuchs Aufrecht wachsende Staude, einjährig gezogen. ***Blüten*** Weiß oder tief blauviolett; röhrenförmig, mit spreizenden Kronlappen, duftend, in endständigen Doldenrispen. Blütezeit Juli–September. ***Blätter*** Eiförmig, zugespitzt; mittelgrün.

• HERKUNFT Westliches Mittelmeergebiet.

• KULTUR In gut durchlässigen Böden in der Sonne. Ideale Schnittblume und Füllpflanze in Misch- und Staudenrabatten.

• VERMEHRUNG Aussaat bei 13–16 °C unter Glas im zeitigen Frühjahr.

HÖHE 1–1,2 m

BREITE 30 cm

Scrophulariaceae	ROTER FINGERHUT, PURPURFINGERHUT

DIGITALIS PURPUREA Excelsior-Hybriden

Wuchs Robuste, rosettenbildende Zweijährige. ***Blüten*** Weiß, rosa, purpurn oder cremegelb; fingerhutförmig, in hohen Trauben. Blütezeit Juni–August. ***Blätter*** Spitz eiförmig; mittelgrün.

• HERKUNFT Züchtung.

• KULTUR In feuchten, gut durchlässigen Böden mit Laubhumus. Ideale Schnittblumen; auch für Rabatten und Gehölzpartien geeignet.

• VERMEHRUNG Im späten Frühjahr im kalten Kasten oder Freiland aussäen.

HÖHE 1–2 m

BREITE 60 cm

Compositae/Asteraceae	AMERIKANISCHE FLOCKENBLUME

CENTAUREA AMERICANA

Wuchs Wuchskräftige, aufrecht wachsende Einjährige. ***Blüten*** Purpurn oder rosaviolett, mit hellerer Mitte; distelartige, 8 cm breite Körbchen. Blütezeit Juli–August. ***Blätter*** Schmal ei- bis lanzettförmig, spitz zulaufend; mittelgrün.

- HERKUNFT Süden und Südosten der Central Plains, USA.
- KULTUR In leichten, gut durchlässigen Böden in der Sonne ziehen. Dekorativ in Wildblumengärten und als Füllpflanze in Misch- und Staudenrabatten.
- VERMEHRUNG Freilandaussaat im April.

HÖHE
1–1,5 m

BREITE
30 cm

Dipsacaceae	PURPURSKABIOSE, WITWENBLUME, NADELKISSEN

SCABIOSA ATROPURPUREA Cockade-Serie

Wuchs Aufrecht wachsende Zweijährige oder kurzlebige Stauden. ***Blüten*** Rosa, rot, purpurn oder blau; gefüllte, 5 cm breite Köpfe. Juli–Oktober. ***Blätter*** Grundständig, fiederspaltig; mittelgrün.

- HERKUNFT Züchtung.
- KULTUR In neutralen bis basischen Böden. Schön als Schnittblumen sowie in Bauerngärten oder zwischen Wildblumen.
- VERMEHRUNG Aussaat bei 6–12 °C ab Mitte März im Frühbeet oder ab Ende April im Freien.

HÖHE
90 cm

BREITE
20–30 cm

Caryophyllaceae	KORNRADE

AGROSTEMMA GITHAGO 'Purple Queen'

Wuchs Aufrechte, behaarte Einjährige. ***Blüten*** Tiefrosa, oft mit weißem Auge; trompetenförmig, 5 cm breit, mit 5 Kronblättern. Blütezeit Juni–September. ***Blätter*** Schmal lanzettförmig; graugrün.

- HERKUNFT Art: Ackerland im Mittelmeerraum. Sorte: Züchtung.
- KULTUR In leichten, kargen, gut durchlässigen Böden. Blickfang in Natur- und Bauerngärten.
- VERMEHRUNG Durch Freilandaussaat im zeitigen Frühjahr oder nach der Samenreife.
- WEITERER NAME *A. githago* 'Milas Cerise'.

HÖHE
60–90 cm

BREITE
30 cm

Boraginaceae	VANILLEBLUME, SONNENWENDE

HELIOTROPIUM ARBORESCENS

Wuchs Buschiger Halbstrauch, einjährig kultiviert. ***Blüten*** Lilablau bis tief blauviolett; winzig, duftend, röhrenförmig, in dichten, rundlichen Dolden. Mai–September. ***Blätter*** Ei- bis lanzettförmig; dunkelgrün.

- HERKUNFT Trockene, offene Lagen in Peru.
- KULTUR In feuchten, durchlässigen Böden, unter Glas in Topferde mit Lehmanteil. Ideale Sommerblume und Zimmerpflanze.
- VERMEHRUNG Durch Aussaat bei 16–18 °C im Frühjahr oder Triebstecklinge im Sommer.
- WEITERER NAME *H. peruvianum*.

HÖHE
50–120 cm

BREITE
30–45 cm

Compositae/Asteraceae	MARIENDISTEL

SILYBUM MARIANUM

Wuchs Rosettenbildende Zweijährige.
Blüten Purpurrosa; schwach duftend, distelartig. Juni–September. ***Blätter*** Buchtig gelappt, geadert, mit dornigem Rand; dunkelgrün, weiß gezeichnet.
• HERKUNFT Steinhänge von SW-Europa bis Afghanistan und in Nordafrika.
• KULTUR In kargen bis mäßig nährstoffhaltigen Böden. Für Bauern- und Wildblumengärten sowie als Füllpflanze in Mischrabatten geeignet.
• VERMEHRUNG Freilandaussaat im Frühjahr oder Herbst.

☼ ◊ ❄❄❄

HÖHE
Bis 1,5 m

BREITE
60–90 cm

Compositae/Asteraceae	GEWÖHNLICHE ESELSDISTEL

ONOPORDUM ACANTHIUM

Wuchs Rosettenbildende Zweijährige mit Pfahlwurzel. ***Blüten*** Weiß oder blaß purpurrot; distelartig, 5 cm breit, mit dornigen Hochblättern, auf filzig behaarten, geflügelten, verzweigten Stengeln. Blütezeit Juli–September. ***Blätter*** Tief eingeschnitten, stachelig gezähnt, behaart; graugrün.
• HERKUNFT Steinhänge und Unkrautfluren von Westeuropa bis West- und Zentralasien.
• KULTUR Gedeiht in nährstoffreichen, neutralen bis basischen Böden. Setzt in Mischrabatten Akzente.
• VERMEHRUNG Freilandaussaat im Herbst.

☼ ◊ ❄❄❄

HÖHE
Bis 3 m

BREITE
1 m

Leguminosae/ Papilionaceae	FASELBOHNE

DOLICHOS LABLAB

Wuchs Windende Staude, einjährig kultiviert.
Blüten Weiß oder purpurn; duftende, bis 3 cm lange Schmetterlingsblüten, in langen Trauben. Blütezeit September–Oktober. ***Blätter*** Eiförmig bis dreieckig; mittelgrün.
• HERKUNFT Gestrüpp im tropischen Afrika.
• KULTUR An warmen, sonnigen, geschützten Plätzen in gut durchlässigen Böden. Stützen.
• VERMEHRUNG Aussaat bei 19–24 °C unter Glas im zeitigen Frühjahr. Ab Ende Mai auspflanzen.
• WEITERE NAMEN *Lablab niger, L. purpureus.*

☼ ◊

Min. 7 °C

HÖHE
2–6 m

Ranunculaceae	GARTENRITTERSPORN, HYAZINTHENRITTERSPORN

CONSOLIDA AJACIS Imperial-Serie

Wuchs Buschige, sparrig verzweigte Einjährige.
Blüten Weiß, rosa oder blau; gespornt, gefüllt, 4 cm breit, in hohen, dichten Trauben. Blütezeit Juni–August. ***Blätter*** Mehrfach handförmig geteilt, mit linealischen Abschnitten; leuchtendgrün.
• HERKUNFT Züchtung.
• KULTUR In leichten, nährstoffreichen, gut durchlässigen Böden ziehen. Füllt rasch Lücken in einer Mischrabatte. Mit Stangen stützen.
• VERMEHRUNG Freilandaussaat im März/April.
• WEITERER NAME *C. ambigua* Imperial-Serie.

☼ ◊ ❄❄❄

HÖHE
1,2 m

BREITE
30 cm

Amaranthaceae	KUGELAMARANT

GOMPHRENA GLOBOSA 'Professor Plum'

Wuchs Buschige, aufrechte Einjährige.
Blüten Tief purpurviolett; winzig, in 5 cm langen, kleeähnlichen, rundlichen Köpfen. Juli–Oktober.
Blätter Ei- bis spatelförmig, behaart; mittelgrün.
• HERKUNFT Züchtung.
• KULTUR Braucht mäßig nährstoffreiche Böden und vollsonnige Standorte. Als Schnittblume in Reihen mit 15 cm Abstand pflanzen. Ideal zum Trocknen, für Sommerblumenrabatten oder Einfassungen.
• VERMEHRUNG Aussaat von März bis Mai bei 15–18 °C.

HÖHE
30–60 cm

BREITE
30 cm

Convolvulaceae	

PHARBITIS HEDERACEA

Wuchs Windende Einjährige mit behaarten Trieben.
Blüten Purpurn oder blau, mit weißem Schlund und langen, grünen Kelchblättern; trichterförmig, mit dünnen Röhren, in Trugdolden. Blütezeit Juli–September. ***Blätter*** Rundlich, 3lappig; dunkelgrün.
• HERKUNFT Gestrüpp, USA bis Argentinien.
• KULTUR In feuchten, aber gut durchlässigen Böden an warmen, sonnigen, windgeschützten Standorten.
• VERMEHRUNG Angeritzte oder vorgequollene Samen im Frühjahr bei 18 °C aussäen und warm halten.
• WEITERER NAME *Ipomoea hederacea.*

Min. 7 °C

HÖHE
2–3 m

Polemoniaceae	GLOCKENREBE

COBAEA SCANDENS

Wuchs Wuchskräftige, immergrüne, kletternde Staude, einjährig kultiviert. ***Blüten*** Zuerst gelbgrün, später purpurn; duftend, glockenförmig, 5 cm lang. Blütezeit Juli–Oktober. ***Blätter*** 4paarig gefiedert, Blättchen schmal eiförmig; kräftig grün.
• HERKUNFT Wälder und Dickichte in Mexiko.
• KULTUR In nährstoffreichen, feuchten, gut durchlässigen Böden an geschützten Standorten. Stützen.
• VERMEHRUNG Durch Aussaat bei 18 °C im Frühjahr oder krautige Stecklinge. Jungpflanzen unter Glas überwintern.

Min. 5 °C

HÖHE
10–20 m

Solanaceae	

NICANDRA PHYSALODES

Wuchs Kräftige, aufrecht wachsende Einjährige.
Blüten Blauviolett; glockenförmig, 3–4 cm breit. Blütezeit Juli–September. ***Blätter*** Ei- oder lanzettförmig, Rand gewellt und gezähnt; mittelgrün.
Früchte Runde Beeren, von pergamentartigen Kelchblättern laternenähnlich umschlossen; grün.
• HERKUNFT Brachland und offene Lagen in Peru.
• KULTUR Gedeiht in nährstoffreichen, feuchten, aber gut durchlässigen Böden in der Sonne.
• VERMEHRUNG Aussaat bei 15 °C im März unter Glas oder ab Mai im Freien.

HÖHE
Bis 90 cm

BREITE
30 cm

Compositae/Asteraceae	SOMMERASTER

CALLISTEPHUS CHINENSIS 'Compliment Light Blue'

Wuchs Straff aufrechte, schnellwüchsige, buschige Einjährige. ***Blüten*** Hellblau; Strahlen gerollt, gefüllt. Juli–September. ***Blätter*** Eiförmig; mittelgrün.

• HERKUNFT Art: Hänge und Brachland in China. Sorte: Züchtung.

• KULTUR An geschützten Standorten in nährstoffreichen, neutralen bis basischen, feuchten, aber gut durchlässigen Böden in voller Sonne.

• VERMEHRUNG Aussaat im zeitigen Frühjahr bei 16 °C unter Glas oder ab Mitte Mai im Freiland.

HÖHE
70 cm

BREITE
20 cm

Leguminosae/ Papilionaceae	

LUPINUS NANUS 'Pixie Delight'

Wuchs Aufrecht oder verzweigt wachsende Einjährige. ***Blüten*** Weiß, rosa, blau oder violett, zum Teil mehrfarbig; Schmetterlingsblüten, in bis zu 20 cm langen Trauben. Blütezeit Juni–Juli. ***Blätter*** Fingerförmig geteilt, behaart; mittelgrün.

• HERKUNFT Züchtung.

• KULTUR In leichte, schwach saure Sandböden in sonnigen bis halbschattigen Lagen pflanzen. Für Sommerbeete oder Einjährigenrabatten geeignet.

• VERMEHRUNG Angeritzte oder vorgequollene Samen im Frühjahr im Saatbeet aussäen.

HÖHE
50 cm

BREITE
25 cm

Malvaceae	

ANODA CRISTATA 'Opal Cup'

Wuchs Wuchskräftige, aufrechte, buschige Einjährige. ***Blüten*** Hell silbriglila, dunkler geadert; tellerförmig, 5 cm breit. Sommer–Herbst. ***Blätter*** Handförmig, gelappt oder ungelappt, ganzrandig oder gezähnt; mittelgrün, mit purpurnen Malen.

• HERKUNFT Züchtung.

• KULTUR Liebt feuchte, aber gut durchlässige Böden und Sonne. Stützen. Welke Blüten regelmäßig entfernen. Für Beete und Rabatten.

• VERMEHRUNG Aussaat bei 13–15 °C unter Glas im zeitigen Frühjahr oder im Freiland im Frühjahr.

HÖHE
Bis 1,5 m

BREITE
60 cm

Convolvulaceae	DREIFARBIGE PRUNKWINDE

IPOMOEA TRICOLOR 'Himmelblau'

Wuchs Windende Einjährige. ***Blüten*** Tief azurblau, mit weißem Schlund; trichterförmig, 8 cm breit. Blütezeit August–Oktober, in den Tropen ganzjährig. ***Blätter*** Ei- bis herzförmig; hell- bis mittelgrün.

• HERKUNFT Art: Tropische Wälder in Mittel- und Südamerika. Sorte: Züchtung.

• KULTUR In nährstoffreichen, feuchten, durchlässigen Böden an sonnigen, geschützten Plätzen.

• VERMEHRUNG Angeritzte oder vorgequollene Samen einzeln bei 18 °C aussäen und warm halten. Bei zu niedrigen Temperaturen keimen sie nicht.

Min. 7 °C

HÖHE
3–4 m

Convolvulaceae	

PHARBITIS PURPUREA

Wuchs Windende Einjährige. ***Blüten*** Weiß, rosa, magentarot oder purpurblau, zuweilen gestreift; 6 cm breite Trichterblüten. Blütezeit Juli–September. ***Blätter*** Eiförmig, ungeteilt oder gelappt; mittelgrün.
• HERKUNFT Ungewiß, vermutlich Mexiko.
• KULTUR In feuchten, aber gut durchlässigen Böden an sonnigen, geschützten Standorten. Auch als Zimmer- oder Gewächshauspflanze geeignet.
• VERMEHRUNG Angeritzte oder vorgequollene Samen im Frühjahr bei 18 °C aussäen und warm halten.
• WEITERER NAME *Ipomoea purpurea.*

Min. 7 °C

HÖHE
3 m

BREITE
3 m

Labiatae/Lamiaceae	

PERILLA FRUTESCENS 'Nankinensis'

Wuchs Wuchskräftige Einjährige. ***Blüten*** Weiß; winzig, unscheinbar, in 2blütigen Quirlen. Blütezeit September–Oktober. ***Blätter*** Zugespitzt, breit eiförmig, glänzend; purpurn, grün oder bronzefarben, mit grobgesägtem Rand.
• HERKUNFT Himalaja bis Ostasien.
• KULTUR Gedeiht in nährstoffreichen, feuchten, jedoch gut durchlässigen Böden und bevorzugt Sonne bis Halbschatten. Schöner Kontrast in Blumenbeeten.
• VERMEHRUNG Aussaat bei 13–18 °C im Frühjahr.
• WEITERER NAME *P. frutescens* var. *nankinensis.*

HÖHE
1 m

BREITE
30 cm

Convolvulaceae	TEPPICHWINDE, DREIFARBIGE WINDE, SOMMERWINDE

CONVOLVULUS TRICOLOR 'Major'

Wuchs Niederliegende bis aufrechte Einjährige. ***Blüten*** Weiß, rot oder blau, mit weißem, zur Mitte hin gelbem Schlund; 10 cm breite Trichter. Juni–September. ***Blätter*** Ei- bis lanzettförmig; dunkelgrün.
• HERKUNFT Züchtung.
• KULTUR In gut durchlässige, nährstoffarme bis mäßig nährstoffreiche Böden in der Sonne pflanzen. Verblühtes regelmäßig entfernen. In einer Sommer- oder Mischrabatte an einer Stütze hochziehen.
• VERMEHRUNG Freilandaussaat im Frühjahr.
• WEITERER NAME *C. minor* 'Major'.

HÖHE
40–60 cm

Malvaceae	STOCKMALVE, STOCKROSE

ALCEA ROSEA 'Nigra'

Wuchs Aufrechte Staude, zweijährig gezogen. ***Blüten*** Schwarzpurpurn, mit gelbem Schlund; trichterförmig, glänzend, 5–10 cm breit, in hohen Trauben. Blütezeit Juli–September. ***Blätter*** Rundlich, flach gelappt, behaart; mittelgrün.
• HERKUNFT Züchtung.
• KULTUR Gedeiht in allen mäßig nährstoffreichen, gut durchlässigen Böden in der Sonne. Ein schöner Blickfang in Mischrabatten und Bauerngärten.
• VERMEHRUNG Freilandaussaat im Juni oder Juli.
• WEITERER NAME *Althaea rosea* 'Nigra'.

HÖHE
2 m

BREITE
30 cm

Sammetblume

Zu den gemeinhin als Sammet- oder Studentenblumen bekannten *Tagetes* zählt man rund 50 Arten stark duftender, buschiger Einjahrespflanzen und Stauden. In Kultur sind vier Hybridgruppen, deren Blüten vom Frühjahr bis zum Herbst erscheinen. Die Gruppen Afro-French, French und Signet wachsen meist kompakter und eignen sich insbesondere für Beeteinfassungen oder Misch- und Sommerblumenrabatten. Alle *Tagetes*-Hybriden sind ideale Schnittblumen und setzen mit ihrer Farbenpracht in Blumenkästen, Ampeln und Kübeln unübersehbare Akzente. Die Gruppen lassen sich wie folgt charakterisieren:

African Die *T.-erecta*-Hybriden dieser Gruppe wachsen kompakt und zeigen große, pomponartig dichtgefüllte, bis 12 cm breite Blüten. Sie sind wie geschaffen für formale Beetpflanzungen.

Afro-French Die aus Kreuzungen zwischen *T. erecta* und *T. patula* hervorgegangenen Hybriden tragen zahlreiche kleine, einfache oder gefüllte, gelbe bis orangefarbene Blütenkörbe, die 3–6 cm breit werden.

French Diese *Patula*-Hybriden erfreuen durch vorwiegend gefüllte, etwa 5 cm breite Blütenkörbe. Die Strahlen sind teilweise rotbraun, gelb oder orange gefärbt und umringen eine leuchtend gefärbte Mitte.

Signet Die Sorten der Signet-Gruppe mit *T. tenuifolia* als Stammform blühen sehr reich. Ihre einfachen, bis 3 cm breiten Blütenkörbe schmücken sich mit gelben oder orangefarbenen Strahlen.

Sammetblumen gedeihen an vollsonnigen Standorten in allen mäßig nährstoffreichen, gut durchlässigen Böden. Entfernen Sie die welken Blüten regelmäßig, um die Blühdauer zu verlängern, und gießen Sie die Blumen bei Trockenheit gut. Im Freien gezogene Kübelpflanzen setzt man am besten in Topferde mit Lehmanteil. Man wässert sie kräftig und düngt während des Wachstums wöchentlich.

Säen Sie Sammetblumen von Mitte April bis Mitte Mai im Freiland oder ab Januar bis März bei 21 °C unter Glas aus. Sie blühen innerhalb weniger Wochen und bereiten in der Regel keine Probleme.

T. 'Vanilla'

Wuchs Buschige, aufrechte, reichblühende Einjährige.
Blüten Cremeweiß; dichtgefüllte Körbchen. Blütezeit Mai–Oktober.
Blätter Lanzettförmig, gefiedert, scharf gezähnt, glänzend; dunkelgrün.
- HÖHE 35 cm.
- BREITE 45 cm.

T. 'Vanilla'
(African)

T. 'Gold Coins'

Wuchs Kräftige, buschige, aufrechte Einjährige.
Blüten Gelb oder orange; große, dichtgefüllte Körbchen. Blütezeit Juni–Oktober.
Blätter Lanzettförmig, gefiedert, gezähnt, glänzend; dunkelgrün.
- HÖHE 90 cm.
- BREITE 30–45 cm.

T. 'Gold Coins'
(African)

T. Solar-Serie

Wuchs Buschige, reichblühende Einjährige. ***Blüten*** Orange, schwefel- oder goldgelb; groß, dichtgefüllt. Blütezeit Mai–Oktober. ***Blätter*** Lanzettförmig, gefiedert; dunkelgrün.

- HÖHE 35 cm.
- BREITE 30–40 cm.

T. Solar-Serie
(Afro-French)

T. 'Boy-O-Boy'

Wuchs Kompaktbuschige Einjährige. ***Blüten*** Gelb, goldgelb, orange oder mahagonirot, mit rotbraunen oder gelben Flecken; gefüllt. Blütezeit Mai–Juli. ***Blätter*** Schmal lanzettförmig, gefiedert, gesägt; dunkelgrün.

- HÖHE 15 cm.
- BREITE 30 cm.

T. 'Boy-O-Boy'
(Boy-Serie)
(French)

T. 'Lemon Gem'

Wuchs Kompaktbuschige, reichblühende Einjährige. ***Blüten*** Zitronengelb; einfache Körbchen. Blütezeit Mai–Oktober. ***Blätter*** Schmal lanzettförmig, gefiedert; dunkelgrün.

- HÖHE 25 cm.
- BREITE 40 cm.

T. 'Lemon Gem'
(Signet)

T. 'Naughty Marietta'

Wuchs Schnellwüchsige, buschige, aufrechte Einjährige. ***Blüten*** Gelb, Strahlen am Ansatz rotbraun gezeichnet; einfache Körbchen. Blütezeit Mai–Oktober. ***Blätter*** Schmal lanzettförmig, gefiedert; dunkelgrün.

- HÖHE 30–40 cm.
- BREITE 30 cm.

T. 'Naughty Marietta'
(French)

T. 'Crackerjack'

Wuchs Kräftige, buschige, aufrechte Einjährige. ***Blüten*** Orange- und Gelbtöne; groß, gefüllt. Blütezeit Juni–Oktober. ***Blätter*** Lanzettförmig, gefiedert, scharf gezähnt, glänzend; dunkelgrün.

- HÖHE 60 cm.
- BREITE 30–45 cm.

T. 'Crackerjack'
(African)

T. 'Orange Winner'

Wuchs Kompaktbuschige Einjährige. ***Blüten*** Leuchtendorange; gefüllt, mit nelkenblütiger Mitte. Blütezeit Juni–Oktober. ***Blätter*** Schmal lanzettförmig, gefiedert, gezähnt; dunkelgrün.

- HÖHE 15 cm.
- BREITE 30 cm.

T. 'Orange Winner'
(French)

T. 'Tangerine Gem'

Wuchs Kompaktbuschige, aufrechte, reichblühende Einjährige. ***Blüten*** Hellorange, mit dunklerer Mitte; klein, einfach. Blütezeit Mai–Oktober. ***Blätter*** Schmal lanzettförmig, gefiedert; dunkelgrün.

- HÖHE 20 cm.
- BREITE 30 cm.

T. 'Tangerine Gem'
(Signet)

T. Inca-Serie

Wuchs Kompakte, aufrechte, buschige Einjährige. ***Blüten*** Ein- oder mehrfarbig, gelb, dunkelgelb oder orange; gefüllte Körbchen. Blütezeit Mai–Oktober. ***Blätter*** Gefiedert, lanzettförmig, scharf gezähnt, glänzend; dunkelgrün.

- HÖHE 30 cm.
- BREITE 30–45 cm.

T. Inca-Serie
(African)

T. 'Safari Gem'
Wuchs Schnellwüchsige, buschige Einjährige. ***Blüten*** Kräftig hellorange; gefüllt, mit breiten Strahlen. Blütezeit Mai–Oktober. ***Blätter*** Schmal lanzettförmig, gefiedert, gezähnt; dunkelgrün.
- HÖHE 20–25 cm.
- BREITE Bis 30 cm.

T. 'Safari Gem'
(French)

T. 'Paprika'
Wuchs Buschige, aufrechte, kompakte Einjährige. ***Blüten*** Dunkelrote, goldgelb gerandete Strahlen, Mitte goldgelb; einfache Körbchen. Blütezeit Juni–Oktober. ***Blätter*** Schmal lanzettförmig, gefiedert; dunkelgrün.
- HÖHE 15 cm.
- BREITE 30 cm.

T. 'Paprika'
(Signet)

T. 'Zenith Orange Brown'
Wuchs Dichtbuschige, aufrechte Einjährige. ***Blüten*** Kräftig orangerot; groß, gefüllt. Blütezeit Mai–Oktober. ***Blätter*** Lanzettförmig, gefiedert; dunkelgrün.
- HÖHE 30 cm.
- BREITE 30–40 cm.

T. 'Zenith Orange Brown'
(Afro-French)

T. 'Hero Spry'
Wuchs Robuste Einjährige. ***Blüten*** Gelb, rot, orange oder mahagonibraun, mit nelkenblütiger, gelber Mitte; groß, gefüllt. Blütezeit Mai–Oktober. ***Blätter*** Lanzettförmig, gefiedert, gezähnt; dunkelgrün.
- HÖHE 20–25 cm.
- BREITE 30 cm.

T. 'Hero Spry'
(French)

T. 'Cinnabar'
Wuchs Robuste, schnellwüchsige, buschige Einjährige. ***Blüten*** Rostrot, unterseits gelblichrot; einfache Körbchen. Blütezeit Juni–Oktober. ***Blätter*** Schmal lanzettförmig, gefiedert, gezähnt; dunkelgrün.
- HÖHE 30 cm.
- BREITE 30 cm.

T. 'Cinnabar'
(French)

ZINNIE

Von den rund 20 Arten Einjähriger, Stauden und Halbsträucher der Gattung *Zinnia* sind die Sommerblumenzinnie *(Z. elegans)* und die Schmalblättrige Zinnie *(Z. haageana)* am häufigsten in Kultur. Sie begeistern Gartenfreunde mit ihren einfachen oder gefüllten, langgestielten Blütenkörben, die vom Sommer bis in den Herbst in kräftigen Farben leuchten. Zinnien blühen am schönsten in langen, heißen Sommern. Sie kommen in Sommerbeeten und Rabatten gut zur Geltung und werden auch gern als Schnittblumen verwendet. Die niedrigen Sorten eignen sich für Einfassungen, Blumenkästen und Pflanzkübel.

Zinnien gedeihen in den verschiedensten Böden, sofern sie gut durchlässig sind, und kommen selbst mit trockenem Untergrund zurecht. Am wohlsten indes fühlen sie sich in nährstoffreichen Böden an vollsonnigen, warmen, geschützten Standorten. Zuviel Feuchtigkeit behagt ihnen nicht; insbesondere Großblütige leiden unter Regengüssen.

Knipsen Sie die Triebspitzen von Jungpflanzen ab, um einen buschigen Wuchs zu erreichen. Das Herausschneiden abgeblühter Körbchen fördert das Aufblühen der nächsten Knospen. Hohe Sorten müssen zuweilen gestützt werden.

Zur Vermehrung sät man bei 16–18 °C von Februar bis April unter Glas aus. Die Sämlinge werden bei 16 °C und guter Durchlüftung weiterkultiviert. Sobald die Frostgefahr vorüber ist, härtet man sie ab und pflanzt sie Ende Mai ins Freie. Da Zinnien auf Störungen des Wurzelballens empfindlich reagieren, sollten sie einzeln in Anzuchttöpfe aus Torf ausgesät oder pikiert werden. Alternativ ist auch eine Freilandaussaat ab Mitte Mai möglich. Sobald die Sämlinge groß genug sind, vereinzelt man sie und läßt die kräftigsten möglichst ungestört weiterwachsen. Einen langen Blütenflor erreicht man durch wiederholte Aussaat.

Im allgemeinen lassen sich Zinnien problemlos kultivieren. Zu dicht stehende Bestände werden jedoch bei zuviel Feuchtigkeit gern von Mehltau befallen. Dem kann durch weite Pflanzabstände und gute Luftzirkulation vorgebeugt werden.

Z. ELEGANS
Peppermint-Stick-Serie
Wuchs Gedrungene, aufrechte Einjährige.
Blüten Mehrere Farben, gestreift und gefleckt; pomponartig gefüllt. Blütezeit Juli–September. ***Blätter*** Ei- bis lanzettförmig; leuchtendgrün.
- HÖHE 60 cm.
- BREITE 30 cm.

Z. elegans
Peppermint-Stick-Serie
Sommerblumenzinnie

☼ ◊ Min. 10 °C

Z. ELEGANS
Thumbelina-Serie
Wuchs Kompakte, niedrige Einjährige; witterungsbeständig.
Blüten Rosa-, Rot- und Gelbtöne; einfach oder halbgefüllt, 10 cm breit. Blütezeit Juli–September.
Blätter Ei- bis lanzettförmig; leuchtendgrün.
- HÖHE 15 cm.
- BREITE 30 cm.

Z. elegans
Thumbelina-Serie
Sommerblumenzinnie

☼ ◊ Min. 10 °C

Z. ELEGANS
'Ruffles Mixed'
Wuchs Gedrungene, aufrechte Einjährige; witterungsbeständig.
Blüten Verschiedene Farbtöne; pomponartig gefüllt, 6 cm breit, mit gewellten Strahlen. Blütezeit Juli–September. ***Blätter*** Ei- bis lanzettförmig; leuchtendgrün.
- HÖHE 60 cm.
- BREITE 30 cm.

***Z. elegans* 'Ruffles Mixed'** (Ruffles-Serie)
Sommerblumenzinnie

☼ ◊ Min. 10 °C

Z. ELEGANS
Whirlygig-Serie
Wuchs Gedrungene, aufrechte Einjährige.
Blüten Verschiedene Farben, Strahlen an den Spitzen kontrastierend oder Ton in Ton gefärbt; gefüllt, 6 cm breit. Blütezeit Juli–September.
Blätter Ei- bis lanzettförmig; leuchtendgrün.
- HÖHE 60 cm.
- BREITE 30 cm.

Z. elegans
Whirlygig-Serie
Sommerblumenzinnie

☼ ◊ Min. 10 °C

Z. ELEGANS 'Envy'
Wuchs Gedrungene, aufrechte Einjährige; verträgt Schatten. *Blüten* Hellgrün; groß, halbgefüllt bis gefüllt, regelmäßig angeordnete, entlang der Längsachse leicht eingerollte Strahlen. Blütezeit Juli–September. *Blätter* Ei- bis lanzettförmig; blaß- bis mittelgrün.
• HÖHE 75 cm.
• BREITE 30 cm.

Z. elegans 'Envy'
Sommerblumenzinnie

☼ ◊ Min. 10 °C

Z. ELEGANS 'Belvedere'
Wuchs Kompakte, niedrige Einjährige; witterungsbeständig. *Blüten* Verschiedene leuchtende Farben; groß, gefüllt, mit breiten Strahlen. Blütezeit Juli–September. *Blätter* Ei- bis lanzettförmig; leuchtendgrün.
• HÖHE 30 cm.
• BREITE 30 cm.

Z. elegans 'Belvedere'
Sommerblumenzinnie

☼ ◊ Min. 10 °C

Z. ELEGANS 'Peter Pan Gold'
Wuchs Kompakte, niedrige, frühblühende Einjährige. *Blüten* Goldgelb; gefüllt, 10 cm breit. Blütezeit Juli–August. *Blätter* Ei- bis lanzettförmig, leicht behaart; leuchtendgrün.
• HÖHE 20 cm.
• BREITE 30 cm.

Z. elegans 'Peter Pan Gold' (Peter-Pan-Serie)
Sommerblumenzinnie

☼ ◊ Min. 10 °C

Z. HAAGEANA 'Perserteppich'
Wuchs Niedrige, kompaktbuschige, aufrechte Einjährige. *Blüten* Rot, orange und gelb, meist 2- oder 3farbig; halbgefüllt bis gefüllt, 4 cm breit. Blütezeit Juli–August. *Blätter* Lanzettförmig; mittelgrün.
• HÖHE 40 cm.
• BREITE 30 cm.

Z. haageana 'Perserteppich'
Schmalblättrige Zinnie

☼ ◊ ❄

Z. Burpee-Hybriden
Wuchs Gedrungene, aufrechte Einjährige. *Blüten* Verschiedene leuchtende Farben; groß, kaktusdahlienartig, gefüllt, mit gewellten, röhrenförmig eingerollten Strahlen. Blütezeit Juli–September. *Blätter* Ei- bis lanzettförmig, leicht behaart; leuchtendgrün.
• HÖHE 60 cm.
• BREITE 30 cm.

Z. Burpee-Hybriden (Elegans-Gruppe)
Sommerblumenzinnie

☼ ◊ Min. 10 °C

Polemoniaceae	

GILIA CAPITATA

Wuchs Aufrecht wachsende Einjährige. ***Blüten*** Lavendelblau; winzig, bis 9 mm lang, in kugeligen, nadelkissenartigen Köpfen. Blütezeit Juli–August. ***Blätter*** Gefiedert, Blättchen linealisch; mittelgrün.

- HERKUNFT Trockene, sonnige Lagen im östlichen Nordamerika.
- KULTUR In leichten, gut durchlässigen Böden an vollsonnigen Standorten. Schöner Blickfang zwischen Wildblumen, auf Sommerbeeten und in Mischrabatten.
- VERMEHRUNG Aussaat im April im Freiland.

☼ ◊ ❄❄❄

HÖHE 45–60 cm

BREITE 20–25 cm

Asclepiadaceae	SPITZKRÖNCHEN

OXYPETALUM CAERULEUM 🏆

Wuchs Windender, kletternder Strauch, einjährig kultiviert. ***Blüten*** Himmelblau; tellerförmig, 5 Kronblätter. Juni–September. ***Blätter*** Schmal herz- bis lanzettförmig, filzig behaart; zartgrün.

- HERKUNFT Gestrüpp von Brasilien bis Uruguay.
- KULTUR Wächst in feuchten, aber gut durchlässigen, nährstoffreichen Böden in der Sonne. Auch als Gewächshaus- oder Zimmerpflanze geeignet. Zwischen Sträuchern kletternd sehr dekorativ.
- VERMEHRUNG Aussaat bei 15 °C im Frühjahr.
- WEITERER NAME *Tweedia caerulea.*

☼ ◊

Min. 3–5 °C

HÖHE 60–100 cm

Linaceae	ECHTER LEIN

LINUM USITATISSIMUM

Wuchs Aufrechte Einjährige. ***Blüten*** Zart lilablau; tellerförmig, mit 5 Kronblättern, 1–2 cm breit, in beblätterten Doldenrispen. Blütezeit Juli–August. ***Blätter*** Linealisch bis lanzettförmig; mittelgrün. ***Früchte*** Runde Kapseln; strohgelb.

- HERKUNFT Ungewiß, vermutlich Asien.
- KULTUR Die Kapseln eignen sich für Trockensträuße. In leichte, mäßig nährstoffreiche, gut durchlässige Böden an vollsonnigen Standorten pflanzen. Idealer Schmuck für die Sommerblumenrabatte.
- VERMEHRUNG Freilandaussaat Ende April.

☼ ◊ ❄❄❄

HÖHE 60–90 cm

BREITE 20 cm

Malvaceae	

ANODA CRISTATA 'Silver Cup'

🏆

Wuchs Wuchskräftige, aufrechte, breitwüchsige Einjährige oder kurzlebige Staude. ***Blüten*** Weiß, mit verschiedenen, zum Teil blauen Tönungen; tellerförmig, einfach, malvenartig, 5 cm breit. Vom Sommer bis zum Herbst einzeln oder paarweise in den oberen Blattachseln. ***Blätter*** Eiförmig, gelappt oder ungelappt, gezähnt; mittelgrün.

• HERKUNFT Art: Frische Böden, Feuchtwiesen und offene Lagen entlang von Gewässern im Südwesten der USA, Mexiko und Südamerika sowie auf den karibischen Inseln. Sorte: Züchtung.

• KULTUR Bevorzugt feuchte, aber gut durchlässige, mäßig nährstoffreiche Böden und vollsonnige Lagen. Muß gestützt werden. Welke Blüten regelmäßig entfernen, um einen langen Flor zu erreichen. *A. cristata* 'Silver Cup' wird wegen ihrer langen Blühdauer geschätzt und ist ideal für Misch- und Einjährigenrabatten oder als Füllpflanze zwischen Stauden.

• VERMEHRUNG Aussaat unter Glas bei 13–15 °C im zeitigen Frühjahr oder im Freiland im Frühjahr.

HÖHE
1,5 m

BREITE
60 cm

Commelinaceae	

COMMELINA TUBEROSA

Wuchs Aufrechte Staude mit knolligen Wurzeln, einjährig gezogen. ***Blüten*** Blau; tellerförmig, mit 3 Kronblättern, in Rispen. Blütezeit Juni–September. ***Blätter*** Lanzettförmig; leuchtendgrün.

- HERKUNFT Wälder in Mittel- und Südamerika.
- KULTUR Gedeiht in nährstoffreichen, gut durchlässigen Böden an warmen, geschützten Standorten. Knollen im Herbst aufnehmen und frostfrei lagern oder in milden Gegenden im Winter dick mulchen.
- VERMEHRUNG Im Frühjahr bei 13–18 °C unter Glas aussäen oder Knollen teilen.

HÖHE
Bis 90 cm

BREITE
45 cm

Compositae/Asteraceae	KORNBLUME

CENTAUREA CYANUS

Wuchs Einjährige mit aufrechten Stengeln. ***Blüten*** Randblüten tiefblau, mittlere Blüten rötlichviolett; halbkugelige Körbchen mit zerschlitzten Hüllblättern. Blütezeit Juni–Oktober. ***Blätter*** Lanzettförmig, Unterseite behaart; graugrün.

- HERKUNFT Trockenhänge in den nördlichen gemäßigten Breiten.
- KULTUR Verlangt gut durchlässige, mäßig nährstoffreiche Böden und volle Sonne. Beliebte Schnittblume.
- VERMEHRUNG Freilandaussaat im April.

HÖHE
20–80 cm

BREITE
15 cm

Labiatae/Lamiaceae	

COLEUS THYRSOIDEUS

Wuchs Staude, bei uns einjährig kultiviert. ***Blüten*** Blauviolett; in endständigen Ähren. In Schüben ganzjährig blühend. ***Blätter*** Herzförmig; mittelgrün.

- HERKUNFT Zentralafrika.
- KULTUR Bevorzugt gut durchlässige Böden und Halbschatten. Wirkt hübsch in Sommerbeeten. Unter Glas in Topferde mit Lehmanteil pflanzen.
- VERMEHRUNG Aussaat bei 19–24 °C unter Glas im zeitigen Frühjahr.
- WEITERER NAME *Plectranthus thyrsoideus.*

Min. 4 °C

HÖHE
Bis 90 cm

BREITE
Bis 60 cm

Boraginaceae	BORRETSCH

BORAGO OFFICINALIS

Wuchs Buschige Einjährige. ***Blüten*** Leuchtendblau; sternförmig, bis 3 cm breit, nickend, in locker verzweigten Rispen. Blütezeit Mai–Juli. ***Blätter*** Lanzett- bis eiförmig, behaart; mattgrün.

- HERKUNFT Trockene Felslagen in Europa.
- KULTUR Wächst in allen gut durchlässigen Böden an vollsonnigen Standorten. Verträgt auch trockenen Untergrund. Ideal für Kräuter-, Bauern- und Wildblumengarten. Junge Blätter und Blüten eßbar.
- VERMEHRUNG Freilandaussaat im Frühjahr. Neigt zur Selbstaussaat.

HÖHE
60 cm

BREITE
45 cm

Gramineae	

Bromus lanceolatus

Wuchs Einjähriges Gras. ***Blüten*** Purpurgetönt; dichte, schmale, bis 20 cm lange Ährenrispen mit Grannen. Blütezeit Juli–August. ***Blätter*** Flach linealisch und weich; mittelgrün.
• HERKUNFT Trockenes Brachland im Mittelmeerraum.
• KULTUR Gedeiht am besten in leichten, gut durchlässigen Böden in der Sonne. Die Ährenrispen eignen sich für Trockengestecke: Sie werden unreif abgeschnitten und zum Trocknen kopfunter aufgehängt.
• VERMEHRUNG Freilandaussaat im Frühjahr.

HÖHE
50 cm

BREITE
10 cm

Gramineae/Poaceae	HASENSCHWANZGRAS, SAMMETGRAS

Lagurus ovatus

Wuchs Büscheliges, einjähriges Gras. ***Blüten*** Blaßgrün, zuweilen purpurgetönt; weich, behaart, in dichten, eiförmigen, 6 cm langen Scheinähren. Mai–August. ***Blätter*** Flach linealisch; blaßgrün.
• HERKUNFT Sandige Küstenstreifen am Mittelmeer und in Südeuropa.
• KULTUR In leichten, gut durchlässigen Sandböden an vollsonnigen Standorten. Für die Trockenbinderei und als Füllpflanze in Rabatten geeignet.
• VERMEHRUNG Freilandaussaat im Frühjahr oder in Gefäßen im kalten Kasten im Herbst.

HÖHE
50 cm

BREITE
30 cm

Gramineae/Poaceae	MÄHNENGERSTE

Hordeum jubatum

Wuchs Aufrechtes oder überhängendes, ein- oder mehrjähriges Gras. ***Blüten*** Blaßgrün; dichte, bis 13 cm lange Ähren mit langen, seidigen Grannen. Blütezeit Juni–August. ***Blätter*** Aufrecht oder überhängend, linealisch; blaßgrün.
• HERKUNFT Ackerland in NO-Asien und Nordamerika.
• KULTUR Bevorzugt leichte, gut durchlässige, mäßig nährstoffreiche Böden in der Sonne. Eignet sich für Trockengebinde und Rabatten.
• VERMEHRUNG Freilandaussaat Ende April.

HÖHE
50 cm

BREITE
30 cm

Gramineae	BÜRSTENGRAS

POLYPOGON MONSPELIENSIS

Wuchs Schlankes, horstbildendes, einjähriges Gras. ***Blüten*** Anfangs grün, später braun; schmal eiförmige bis zylindrische, bis 15 cm lange, seidige, borstige Ährchen. Blütezeit Mai–Juli. ***Blätter*** Flach, linealisch und rauh; mittelgrün.

- HERKUNFT Magerwiesen in Europa.
- KULTUR Bevorzugt leichte, gut durchlässige, mäßig nährstoffreiche Böden in der Sonne. Schöner Schmuck in Misch- und Sommerblumenrabatten. Blütenstände eignen sich für Trockenblumengebinde.
- VERMEHRUNG Freilandaussaat im Frühjahr.

☼ ◊ ❄❄❄

HÖHE
Bis 60 cm

BREITE
20 cm

Leguminosae/ Mimosaceae	SCHAMHAFTE SINNPFLANZE

MIMOSA PUDICA

Wuchs Buschig wachsende Einjährige oder kurzlebiger Halbstrauch. ***Blüten*** Blaßrosa bis lila; bauschig. Blütezeit Juli–August. ***Blätter*** Gefiedert, mit schmal lanzettförmigen Blättchen, die sich bei Berührung zusammenlegen; leuchtendgrün.

- HERKUNFT Wälder in Nord- und Südamerika.
- KULTUR Als Zimmer- oder Gewächshauspflanze in Topferde mit oder ohne Lehmanteil. Braucht einen hellen, jedoch nicht sonnigen Standort. Mäßig gießen.
- VERMEHRUNG Aussaat bei 18–24 °C im Frühjahr.

☼ ◊

Min. 13 °C

HÖHE
30–75 cm

BREITE
40–90 cm

Gramineae/Poaceae	GROSSES ZITTERGRAS, RIESENZITTERGRAS

BRIZA MAXIMA

Wuchs Schlankes, aufrechtes, büscheliges, einjähriges Gras. ***Blüten*** Anfangs grün, später gelblichweiß; ei- bis herzförmige, hängende Ährchen, in lockeren, bis 10 cm langen Rispen. Blütezeit Juni–Juli. ***Blätter*** Lang, linealisch, borstig; blaßgrün.

- HERKUNFT Kahlflächen im Mittelmeerraum.
- KULTUR In leichten, mäßig nährstoffreichen, gut durchlässigen Böden in der Sonne. Für Misch- und Sommerblumenrabatten. Schöner Trockenblumenschmuck.
- VERMEHRUNG Freilandaussaat ab Ende April.

☼ ◊ ❄❄❄

HÖHE
45–60 cm

BREITE
25 cm

Gramineae	KOLBENHIRSE, VOGELHIRSE

SETARIA ITALICA

Wuchs Robustes, einjähriges Gras. ***Blüten*** Gelblichbraun; dichte, unregelmäßige, oft überhängende Ährenrispen. Blütezeit Juli–August. ***Blätter*** Linealisch bis lanzettförmig; mittelgrün. ***Früchte*** Unregelmäßig zylindrische Fruchtstände; goldgelb.

- HERKUNFT Gemäßigt warme Breiten in Asien.
- KULTUR In leichten, gut durchlässigen, nährstoffreichen Böden in der Sonne. Die Fruchtstände locken Vögel an und werden gern getrocknet in Gestecke eingebunden.
- VERMEHRUNG Freilandaussaat im Frühjahr.

☼ ◊ ❄

HÖHE
Bis 1,5 m

BREITE
Bis 1 m

Euphorbiaceae	WUNDERBAUM VON SANSIBAR

Ricinus communis 'Zanzibarensis'

Wuchs Immergrüner Strauch, einjährig gezogen. ***Blüten*** Männliche grünlichgelb, weibliche purpurn mit roter Narbe; in eiförmigen Rispen: im oberen Teil die weiblichen, im unteren die männlichen. August–Oktober. ***Blätter*** Gelappt; leuchtendgrün.
- HERKUNFT Züchtung.
- KULTUR In nährstoffreichen, feuchten, durchlässigen Böden an warmen, geschützten Standorten. Für formale Beete. Giftig.
- VERMEHRUNG Vorgequollene Samenkörner im Frühjahr bei 21 °C einzeln in Töpfen aussäen.

HÖHE
2–3 m

BREITE
Bis 1 m

Gramineae/Poaceae	HAARSTIELHIRSE

Panicum capillare

Wuchs Locker büscheliges Einjahresgras. ***Blüten*** Bräunlichgrün; bis zu 20 cm lange Rispen aus winzigen Ährchen, auf schlanken Halmen. Blütezeit Juli–August. ***Blätter*** Schmal lanzettförmig bis linealisch, flach; mittelgrün.
- HERKUNFT Grasland in Nordamerika.
- KULTUR Gedeiht in mäßig nährstoffreichen, gut durchlässigen Böden in der Sonne. Schön in Misch- oder Sommerblumenrabatten. Für Trockengestecke.
- VERMEHRUNG Aussaat bei 13–18 °C ab März unter Glas oder im Freiland.

HÖHE
60–100 cm

BREITE
60 cm

Chenopodiaceae	FEUERBUSCH

Kochia scoparia 'Trichophylla'

Wuchs Dicht verzweigter, kegelförmiger, einjähriger Busch. ***Blüten*** Unscheinbar. ***Blätter*** Schmal lanzettförmig; smaragdgrün, im Herbst rot oder purpurn.
- HERKUNFT Asien, Nordamerika und Südeuropa.
- KULTUR Nährstoffreiche, gut durchlässige Böden und warme, sonnige, geschützte Standorte sind ideal. Gut als Blattschmuckpflanze in Beeten oder als vorübergehender Sichtschutz.
- VERMEHRUNG Aussaat im März oder April bei 16 °C oder ab April im Freien (Lichtkeimer).
- WEITERER NAME *Bassia scoparia* var. *trichophylla*.

HÖHE
30–150 cm

BREITE
30–45 cm

Labiatae/Lamiaceae	MUSCHELBLUME

MOLUCCELLA LAEVIS

Wuchs Aufrechte, verzweigte Einjährige. ***Blüten*** Weiß, mit grünen Hochblättern; winzig, 2lippig, duftend, von den Hochblättern muschelförmig umgeben, in Quirlen. Blütezeit Juli–August. ***Blätter*** Breit eiförmig, gekerbt; blaßgrün.

- HERKUNFT Steinhänge im Kaukasus, in der Türkei, in Syrien und im Irak.
- KULTUR In feuchten, aber gut durchlässigen Böden in der Sonne. Zum Schneiden und Trocknen geeignet.
- VERMEHRUNG Aussaat bei 18 °C unter Glas von Februar bis April (Frostkeimer).

HÖHE
60–90 cm

BREITE
25 cm

Gramineae/Poaceae	HIOBSTRÄNE

COIX LACRYMA-JOBI

Wuchs Horstbildendes Einjahresgras. ***Blüten*** Grünlichgelb; überhängende Ähren mit Blüten beiderlei Geschlechts. Blütezeit Juni–August. ***Blätter*** Breit bandförmig; leuchtendgrün. ***Früchte*** Harte, glänzende, tränenförmige, perlenartige Körner; grauviolett.

- HERKUNFT Grasland in SO-Asien.
- KULTUR Bevorzugt leichte, gut durchlässige Böden und warme Lagen. Für Trockenblumenarrangements geeignet.
- VERMEHRUNG Aussaat bei 13–16 °C im Spätwinter unter Glas oder ab Mai im Freien.

HÖHE
45–90 cm

BREITE
30 cm

Gramineae/Poaceae	BESENKORN, KAFFERNKORN

SORGHUM BICOLOR

Wuchs Robuste, horstbildende Einjährige. ***Blüten*** Rosa, purpurn oder blaßgrün; dichte, bis 60 cm lange Rispen aus Ährchen. Blütezeit Juli–August. ***Blätter*** Schmal bandförmig, wächsern; mittelgrün, mit weißer Mittelrippe. ***Früchte*** Große, verschiedenfarbige Samenkörner.

- HERKUNFT China und Südafrika.
- KULTUR In gut durchlässigen, nährstoffreichen Böden. Schöner Trockenschmuck. Vogelfutter.
- VERMEHRUNG Aussaat bei 13–18 °C im März.
- WEITERER NAME *S. vulgare.*

HÖHE
2–3 m

BREITE
60 cm

Gramineae/Poaceae	ZIERMAIS

ZEA MAYS 'Gracillima Variegata'

Wuchs Aufrechtes, schnellwüchsiges Einjahresgras. ***Blüten*** Strohgelb; einhäusig, männliche Ähren in endständigen Rispen, weibliche Blüten von einem Hochblatt umgeben und mit seidigen Griffeln. Juni–Juli. ***Blätter*** Lanzettförmig; grün-weiß gestreift. ***Früchte*** Gelbe Kolben mit flachen Körnern.

- HERKUNFT Züchtung.
- KULTUR In nährstoffreichen, feuchten, durchlässigen Böden, an sonnigen, geschützten Lagen.
- VERMEHRUNG Aussaat bei 18 °C im April/Mai unter Glas oder Ende April bis Mitte Mai ins Freie.

HÖHE
90 cm

BREITE
30–45 cm

Cucurbitaceae	FLASCHENKÜRBIS, KALEBASSE

LAGENARIA SICERARIA

Wuchs Kriechende oder kletternde Einjährige. ***Blüten*** Cremegelb; glockenförmig, einzeln. Juni–September. ***Blätter*** Ei- bis herzförmig; mittelgrün. ***Früchte*** Flaschenförmig, glatt; zartgrün bis weiß.

- HERKUNFT Tropen.
- KULTUR In feuchte, gut durchlässige, nährstoff- und humusreiche Böden in geschützten, sonnigen Lagen pflanzen. Früchte für Zimmerschmuck in trockenen Innenräumen ausreifen lassen.
- VERMEHRUNG Vorgequollene Samen im März bei 21–24 °C säen. Anfang Juni auspflanzen.

HÖHE
Bis 10 m

Scrophulariaceae	

VERBASCUM BOMBYCIFERUM 🏆

Wuchs Rosettenbildende Zweijährige oder kurzlebige Staude. ***Blüten*** Blaßgelb; tellerförmig, bis 4 cm breit, zahlreich, in dichten, kaum verzweigten, seidig behaarten Ähren. Blütezeit Juli–August. ***Blätter*** Eiförmig, wollig behaart; weiß.

- HERKUNFT Trockene, steinige Hügel, Türkei.
- KULTUR In nährstoffarmen, gut durchlässigen, basischen Böden in der Sonne. Für Mischrabatten.
- VERMEHRUNG Aussaat in Gefäßen im kalten Kasten von Mai bis Juni.
- WEITERER NAME *V. broussa.*

HÖHE
Bis 2 m

BREITE
60 cm

Apiaceae/Umbelliferae	DURCHWACHSENBLÄTTRIGE GELBDOLDE

SMYRNIUM PERFOLIATUM

Wuchs Aufrechte Zweijährige. ***Blüten*** Grünlichgelb; winzig, in Dolden. Blütezeit Mai–Juni. ***Blätter*** Obere Blätter rundlich, stengelumfassend; gelblichgrün. Grundblätter gefiedert; blaßgrün.
• HERKUNFT Gestrüpp, felsige Lagen und Waldränder in Europa, SW-Asien und Nordafrika.
• KULTUR In feuchten, durchlässigen, mäßig nährstoffreichen Böden an sonnigen bis halbschattigen Standorten. Für Naturgärten und Gehölzpartien.
• VERMEHRUNG Aussaat im Frühjahr im Freiland oder in Gefäßen im kalten Kasten.

HÖHE
60–150 cm

BREITE
60 cm

Compositae/Asteraceae	DUFTENDE FLOCKENBLUME

AMBERBOA MOSCHATA

Wuchs Aufrechte Einjährige. ***Blüten*** Weiß, rosa, purpurn oder gelb; kornblumenähnlich, duftend, 5 cm breit, mit zerschlitzten Strahlenblüten. Blütezeit Juni–September. ***Blätter*** Lanzettförmig, Grundblätter ungeteilt, Stengelblätter gelappt oder fiederteilig; graugrün.
• HERKUNFT Türkei, Kaukasus.
• KULTUR Als Schnittblume und in Bauerngärten. Für leichte, gut durchlässige Böden in der Sonne.
• VERMEHRUNG Freilandaussaat im April.
• WEITERER NAME *Centaurea moschata.*

HÖHE
60 cm

BREITE
25 cm

Scrophulariaceae	GROSSBLÜTIGER FINGERHUT

DIGITALIS GRANDIFLORA

Wuchs Horstbildende Zweijährige oder kurzlebige Staude. ***Blüten*** Blaßgelb, braun geadert; fingerhutähnlich, in lockeren Trauben. Blütezeit Juni–August. ***Blätter*** Lanzett- bis eiförmig, gesägt; mittelgrün.
• HERKUNFT Europa, Sibirien, Türkei.
• KULTUR Bevorzugt feuchte, gut durchlässige Böden mit Laubhumus und halbschattige Lagen. Schön in Gehölzpartien sowie Misch- und Staudenrabatten.
• VERMEHRUNG Im späten Frühjahr in Gefäßen im kalten Kasten aussäen. Oft Selbstaussaat.
• WEITERE NAMEN *D. ambigua, D. orientalis.*

HÖHE
Bis 1 m

BREITE
45 cm

Scrophulariaceae	MEHLIGE KÖNIGSKERZE

VERBASCUM LYCHNITIS

Wuchs Rosettenbildende Zweijährige. ***Blüten*** Blaßgelb; tellerförmig, an verzweigten, spitz zulaufenden Trieben. Blütezeit Juni–August. ***Blätter*** Schmal eiförmig; mittelgrün, Unterseite weiß.

- HERKUNFT Hecken und steinige Lagen von Westeuropa bis Westasien.
- KULTUR Wächst in nährstoffarmen, gut durchlässigen, basischen Böden in der Sonne. Für Mischrabatten geeignet.
- VERMEHRUNG Aussaat in Gefäßen im kalten Kasten von Mai bis Juni.

HÖHE
Bis 1,5 m

BREITE
60 cm

Scrophulariaceae	RIESENKÖNIGSKERZE, OLYMP-KÖNIGSKERZE

VERBASCUM OLYMPICUM

Wuchs Rosettenbildende, wollig behaarte Staude, stirbt nach der Blüte im 2. oder 3. Jahr ab. ***Blüten*** Goldgelb; tellerförmig, 3 cm breit, an kandelaberartig verzweigten Trieben. Blütezeit Juni–August. ***Blätter*** Lanzettförmig, filzig behaart; weiß.

- HERKUNFT Trockenhügel, Griechenland.
- KULTUR In nährstoffarmen, gut durchlässigen, basischen Böden in der Sonne. Für Mischrabatten.
- VERMEHRUNG Aussaat im Saatbeet von Mai bis Juni oder Wurzelschnittlinge im Spätherbst.
- WEITERER NAME *V. longifolium* var. *pannosum*.

HÖHE
2 m

BREITE
60 cm

Papaveraceae	

ARGEMONE MEXICANA

Wuchs Horstbildende Einjährige. ***Blüten*** Blaß- bis tiefgelb; mohnähnlich, bis 8 cm breit, einzeln. Blütezeit Juli–September. ***Blätter*** Tief eingeschnitten, stachelig gezähnt; blaugrün, silbrigweiß geadert.

- HERKUNFT Trockenes Gestrüpp vom Süden der USA bis Mittelamerika.
- KULTUR In stark durchlässigen, kargen Stein- oder Kiesböden in der Sonne. Für Trockenrabatten und Kiespflanzungen geeignet. Oft Selbstaussaat.
- VERMEHRUNG Im März oder April bei 18 °C unter Glas in Gefäßen. Mitte Mai auspflanzen.

HÖHE
Bis 1 m

BREITE
Bis 40 cm

Onagraceae	GEMEINE NACHTKERZE, SCHINKENKRAUT

OENOTHERA BIENNIS

Wuchs Aufrechte Ein- oder Zweijährige. ***Blüten*** Blaß- bis goldgelb; schalenförmig, bis 5 cm breit, duftend, in lockeren Ähren. Blütezeit Juni–September. ***Blätter*** Linealisch bis lanzettförmig, in grundständigen Rosetten; mittelgrün, rotgeadert.

- HERKUNFT Trockene Lagen im östlichen Nordamerika.
- KULTUR In kargen bis mäßig nährstoffreichen, gut durchlässigen Böden in voller Sonne. Für Misch- und Staudenrabatten oder sonnige Trockenhänge.
- VERMEHRUNG Märzaussaat im kalten Kasten.

HÖHE 1–1,5 m

BREITE 60 cm

Compositae/Asteraceae	

LINDHEIMERA TEXANA

Wuchs Aufrecht wachsende Einjährige mit roten Stengeln. ***Blüten*** Blaß- bis goldgelb; sternförmig, 2–3 cm breit, in lockeren Trauben. Blütezeit Juli–September. ***Blätter*** Ei- bis lanzettförmig, grundständige Blätter geteilt; mittelgrün.

- HERKUNFT Prärien in Texas, USA.
- KULTUR Braucht leichte, gut durchlässige, mäßig nährstoffreiche Böden und Sonne. Für Wildblumenbeete, Bauerngärten und Rabatten.
- VERMEHRUNG Aussaat in Gefäßen im kalten Kasten im März oder im Freien ab Mai.

HÖHE 60 cm

BREITE 30 cm

Compositae/Asteraceae	

TOLPIS BARBATA

Wuchs Aufrechte Einjährige mit verzweigten Stengeln. ***Blüten*** Leuchtendgelb, Mitte dunkel rotviolett; 1–3 cm breite Körbchen, mit gefransten Strahlenblüten. Blütezeit Juni–September. ***Blätter*** Lanzettförmig, vorwiegend grundständig, behaart; leuchtendgrün.

- HERKUNFT Sandige Lagen im Mittelmeerraum.
- KULTUR In leichten, gut durchlässigen, mäßig nährstoffreichen Böden in der Sonne. Wirkungsvoll in Misch- und Sommerblumenrabatten und unter Wildblumen.
- VERMEHRUNG Freilandaussaat im April.

HÖHE 30–60 cm

BREITE 30 cm

Compositae/Asteraceae	GARTENRINGELBLUME, SONNWENDBLUME, GOLDBLUME

CALENDULA OFFICINALIS Kablouna-Serie

Wuchs Kräftige, aufrechte Einjährige. ***Blüten*** Cremegelb bis tieforange; bis 10 cm breite Körbchen, mit gewellten Scheibenblüten und eingerollten Strahlen. Blütezeit Juni–Oktober. ***Blätter*** Lanzett- bis spatelförmig, fein behaart; leuchtendgrün.

- HERKUNFT Züchtung.
- KULTUR Verträgt alle gut durchlässigen Böden in der Sonne. Für Mischrabatten und Bauerngärten.
- VERMEHRUNG Freilandaussaat im Frühjahr oder Herbst. Herbstsämlinge durch Hauben schützen.

HÖHE Bis 60 cm

BREITE 30 cm

Plumbaginaceae	GEFLÜGELTER STRANDFLIEDER

LIMONIUM SINUATUM Sunburst-Serie

Wuchs Aufrecht wachsende Staude, einjährig kultiviert. ***Blüten*** Weiß, rosa, gelb, apricot oder blau; winzig, trichterförmig, in Doldentrauben aus Ährchen. Blütezeit Juli–September. ***Blätter*** Lanzettförmig, fiederspaltig, in grundständigen Rosetten; dunkelgrün.

- HERKUNFT Züchtung.
- KULTUR Liebt gut durchlässige, mäßig nährstoffreiche Böden und vollsonnige Standorte. Schöne Schnitt- und Trockenblume.
- VERMEHRUNG Aussaat bei 13–18 °C unter Glas im zeitigen Frühjahr. Mitte Mai auspflanzen.

HÖHE
75 cm

BREITE
30 cm

Cruciferae/Brassicaceae	FÄRBERWAID

ISATIS TINCTORIA

Wuchs Zweijährige oder kurzlebige Staude mit Pfahlwurzel. ***Blüten*** Gelb; kreuzförmig, mit 4 Kronblättern, in Rispen. Blütezeit Mai–Juli. ***Blätter*** Lanzettförmig, untere in grundständigen Rosetten, obere stengelumfasssend; graugrün.

- HERKUNFT Brachland in Europa.
- KULTUR In feuchten, durchlässigen Böden in der Sonne. Für Wildblumen- und Kräutergärten. Aus dem vergorenen Kraut gewinnt man Indigoblau.
- VERMEHRUNG Aussaat im Frühjahr oder Herbst in Gefäßen im kalten Kasten.

HÖHE
Bis 1,2 m

BREITE
45 cm

Solanaceae	TROMPETENZUNGE, BROKATBLUME

SALPIGLOSSIS SINUATA Casino-Serie

Wuchs Kompakte, blühfreudige, standfeste Einjährige. ***Blüten*** Purpurn, rot, blau, gelb oder orange, stark geadert; trichterförmig. Blütezeit Juni–September, unter Glas auch früher. ***Blätter*** Lanzettförmig, buchtig gezähnt; mittelgrün.

- HERKUNFT Züchtung.
- KULTUR In feuchten, gut durchlässigen, nährstoffreichen Böden in der Sonne, unter Glas Topferde mit Lehmanteil. Ideal für Sommerblumenbeete.
- VERMEHRUNG Aussaat bei 18–24 °C im März, bei Zimmerpflanzen im Herbst oder Spätwinter.

HÖHE
45–60 cm

BREITE
30 cm

Papaveraceae	MEXIKOMOHN

HUNNEMANNIA FUMARIIFOLIA 'Sunlite'

Wuchs Schnellwüchsige Staude, einjährig gezogen. ***Blüten*** Reingelb; tellerförmig, mohnähnlich, bis 8 cm breit, Kronblätter glänzend. Blütezeit Juni–September. ***Blätter*** Lanzettförmig, 3zählig fiederteilig; blaugrün.

- HERKUNFT Züchtung.
- KULTUR In gut durchlässigen, mäßig nährstoffreichen Böden an warmen, geschützten, vollsonnigen Standorten. Gute Füllpflanze in Misch- oder Staudenrabatten.
- VERMEHRUNG Freilandaussaat Anfang Mai.

HÖHE
Bis 60 cm

BREITE
20 cm

Compositae/Asteraceae	ASTBLUME

CLADANTHUS ARABICUS

Wuchs Verzweigt wachsende Einjährige. ***Blüten*** Strahlen goldgelb, Mitte gelb; bis 5 cm breite Körbchen. Blütezeit Juli–Oktober. ***Blätter*** Gefiedert, mit linealischen Blättchen; leuchtendgrün.

- HERKUNFT Trockenweiden in Südeuropa und NW-Afrika.
- KULTUR In leichten, gut durchlässigen Böden an sonnigen Standorten. Hübsche Schnittblume und Beet- oder Gefäßpflanze.
- VERMEHRUNG Aussaat unter Glas bei 13–16 °C im März oder im Freiland Ende Mai.

HÖHE
40–60 cm

BREITE
Bis 40 cm

Compositae/Asteraceae	ACKERWUCHERBLUME, SAATWUCHERBLUME

CHRYSANTHEMUM SEGETUM

Wuchs Aufrechte, etwas fleischige Einjährige. ***Blüten*** Goldgelb, mit gelber Mitte; Körbchen mit breiten Strahlenblüten, einzeln auf langen Stengeln. Blütezeit Juli–Oktober. ***Blätter*** Lanzettförmig; graugrün.

- HERKUNFT Ackerland im Mittelmeerraum.
- KULTUR Gedeiht in leichten, vorzugsweise sandigen, gut durchlässigen Böden in der Sonne. Bringt Abwechslung in Blumenwiesen und Sommer- oder Wildblumenrabatten.
- VERMEHRUNG Aussaat im Mai ins Freie.

HÖHE
Bis 80 cm

BREITE
30 cm

Compositae/Asteraceae	GROSSBLÜTIGES MÄDCHENAUGE

COREOPSIS GRANDIFLORA 'Sunray'

Wuchs Horstbildende Staude, meist einjährig kultiviert. ***Blüten*** Tief goldgelb; gefüllte Körbchen, mit gefransten Strahlen. Blütezeit Juni–August. ***Blätter*** Lanzettförmig, gelappt; mittelgrün.

- HERKUNFT Züchtung.
- KULTUR In leichten, gut durchlässigen Böden in der Sonne. Schöne Füllpflanze in Mischrabatten. Zur Verlängerung der Blüte welke Körbchen entfernen.
- VERMEHRUNG Aussaat bei 13–16 °C im März oder April unter Glas oder im Mai im Freiland.

HÖHE
50–75 cm

BREITE
45 cm

Compositae/Asteraceae	FÄRBERMÄDCHENAUGE

Coreopsis tinctoria

Wuchs Aufrechte Einjährige mit straffen Stengeln. ***Blüten*** Leuchtendgelb, Strahlenblüten am Grund rot, Mitte dunkelrot; 5 cm breite Körbchen, einzeln auf den Stengeln. Juli–September. ***Blätter*** Lanzettförmig oder gefiedert, linealische Blättchen; mittelgrün.
- HERKUNFT Prärien in Nordamerika.
- KULTUR In leichten, gut durchlässigen Böden in der Sonne. Zum Schnitt und für Blumenrabatten.
- VERMEHRUNG Von Frühjahr bis Frühsommer wiederholt im Freiland aussäen.
- WEITERER NAME *Calliopsis tinctoria.*

☼ ◊ ❄❄❄

HÖHE
Bis 1,2 m

BREITE
30–45 cm

Compositae/Asteraceae	GOLDBLUME

Chrysanthemum coronarium

Wuchs Kräftige, verzweigte Einjährige. ***Blüten*** Leuchtendgelb; 5 cm breite Körbchen, einzeln. Blütezeit Juni–September. ***Blätter*** Farnartig, doppelt fiederteilig; leuchtendgrün.
- HERKUNFT Mittelmeerraum.
- KULTUR In leichten, nährstoffreichen, gut durchlässigen Böden in der Sonne. Für Sommerblumenrabatten, Wildblumenbeete und Bauerngärten. Braucht eine Stütze.
- VERMEHRUNG Aussaat unter Glas bei 13 °C im zeitigen Frühjahr oder im Freien ab Mai.

☼ ◊ ❄❄❄

HÖHE
Bis 80 cm

BREITE
Bis 40 cm

Scrophulariaceae	FREILAND-PANTOFFELBLUME

Calceolaria integrifolia

Wuchs Immergrüner Halbstrauch, meist einjährig gezogen. ***Blüten*** Gelb; pantoffelähnlich, 2–3 cm lang, in doldentraubigen Rispen. Blütezeit Mai–September. ***Blätter*** Lanzettförmig; graugrün.
- HERKUNFT Mexiko.
- KULTUR In durchlässigen Böden an geschützten, sonnigen bis halbschattigen Standorten.
- VERMEHRUNG Oberflächenaussaat bei 18 °C im Frühjahr bzw. Herbst (Lichtkeimer) oder Rißlinge im Sommer. Jungpflanzen frostfrei überwintern.
- WEITERER NAME *C. rugosa.*

☼ ◊ ❄

HÖHE
Bis 1,2 m

BREITE
25–30 cm

Compositae/Asteraceae	GARTENSTROHBLUME

Helichrysum bracteatum 'Dargan Hill Monarch'

Wuchs Kräftige Einjährige oder kurzlebige Staude. ***Blüten*** Goldgelb; Körbchen, mit papierartigen Strahlen. Juli–September. ***Blätter*** Lanzettförmig; graugrün.
- HERKUNFT Züchtung.
- KULTUR Für mäßig nährstoffreiche, gut durchlässige Böden an sonnigen Plätzen. Trockenblume.
- VERMEHRUNG Aussaat von März bis Mai bei 18 °C unter Glas oder ab April im Freiland.
- WEITERER NAME *Bracteantha bracteata* 'Dargan Hill Monarch'.

☼ ◊ ❄❄

HÖHE
60–90 cm

BREITE
30 cm

Papaveraceae	GELBER HORNMOHN

GLAUCIUM FLAVUM

Wuchs Rosettenbildende Staude, meist zweijährig gezogen, mit verzweigten Stengeln. ***Blüten*** Leuchtend goldgelb; mohnähnliche, zarte, 5 cm breite Schalenblüten. Blütezeit Juni–Juli. ***Blätter*** Eiförmig, gelappt; blaugrün.

- HERKUNFT Ackerland in Europa, auf den Kanaren, in Nordafrika und Westasien.
- KULTUR In kargen bis mäßig nährstoffreichen, stark durchlässigen Böden. Für Sommerblumenrabatten.
- VERMEHRUNG Freilandaussaat von März bis April.

☼ 💧 ❄❄❄

HÖHE 30–90 cm

BREITE 45 cm

Plumbaginaceae	GEFLÜGELTER STRANDFLIEDER

LIMONIUM SINUATUM 'Forever Gold'

Wuchs Aufrechte Stauden, einjährig kultiviert. ***Blüten*** Gelb; winzig, trichterförmig, bis 1 cm lang, reichblühend, in Doldentrauben. Blütezeit Juli–September. ***Blätter*** Fiederspaltig, etwas fleischig, in grundständigen Rosetten; dunkelgrün.

- HERKUNFT Züchtung.
- KULTUR In gut durchlässigen, mäßig nährstoffreichen Böden an vollsonnigen Standorten. Schöne Schnitt- und Trockenblume.
- VERMEHRUNG Aussaat bei 13–18 °C unter Glas im zeitigen Frühjahr. Mitte Mai auspflanzen.

☼ 💧 ❄❄

HÖHE 60 cm

BREITE 30 cm

Compositae/Asteraceae	FÄRBERMÄDCHENAUGE

COREOPSIS TINCTORIA 'Golden Crown'

Wuchs Aufrechte Einjährige mit straffen Stengeln. ***Blüten*** Tiefgelb, mit rotbrauner Mitte; 5 cm breite Körbchen, einzeln auf den Stengeln. Blütezeit Juli–September. ***Blätter*** Lanzettförmig oder doppelt gefiedert, mit linealischen Blättchen; dunkelgrün.

- HERKUNFT Züchtung.
- KULTUR In leichten, durchlässigen Böden in der Sonne. Zum Schnitt und für Blumenrabatten.
- VERMEHRUNG Ab April wiederholte Freilandsaat.
- WEITERER NAME *Calliopsis tinctoria* 'Golden Crown'.

☼ 💧 ❄❄❄

HÖHE 60 cm

BREITE 20 cm

Gramineae/Poaceae	ZIERMAIS

ZEA MAYS 'Strawberry Corn'

Wuchs Aufrechtes, schnellwüchsiges Einjahresgras. ***Blüten*** Grün; einhäusig, männliche Ähren in endständigen Rispen, weibliche Blüten mit seidigen Griffeln, in den Blattachseln. Blütezeit Juni–Juli. ***Blätter*** Lanzettförmig, überhängend; grün und weiß. ***Früchte*** Burgunderrote oder gelbe Kolben.

- HERKUNFT Züchtung.
- KULTUR In nährstoffreichen, feuchten, durchlässigen Böden an sonnigen, geschützten Plätzen.
- VERMEHRUNG Bei 18 °C im April oder Mai unter Glas oder von Ende April bis Mai im Freiland säen.

☼ 💧 ❄

HÖHE 1,2 m

BREITE 60 cm

Compositae/Asteraceae	GARTENRINGELBLUME, SONNWENDBLUME, GOLDBLUME

CALENDULA OFFICINALIS 'Art Shades'

Wuchs Kräftige, aufrechte Einjährige. ***Blüten*** Cremegelb, apricot oder orange in verschiedenen Pastelltönen; gefüllte, bis 10 cm breite Körbchen. Blütezeit Juni–Oktober. ***Blätter*** Lanzett- bis spatelförmig, fein behaart; leuchtendgrün.

- HERKUNFT Züchtung.
- KULTUR In gut durchlässigen Böden in der Sonne. Schön in Mischrabatten sowie Bauern- und Kräutergärten. Dekorative Schnittblume.
- VERMEHRUNG Freilandaussaat im Frühjahr oder Herbst. Herbstsämlinge mit Hauben schützen.

HÖHE
Bis 60 cm

BREITE
60 cm

Compositae/Asteraceae	GELBES SCHMUCKKÖRBCHEN

COSMOS SULPHUREUS 'Sunset'

Wuchs Buschige, aufrechte Einjährige. ***Blüten*** Kräftig goldorange; schalenförmig, bis 6 cm breit. Blütezeit August–September. ***Blätter*** Schmal eiförmig, doppelt fiederteilig; mittelgrün.

- HERKUNFT Züchtung.
- KULTUR In feuchten, gut durchlässigen, mäßig nährstoffreichen Böden an vollsonnigen Standorten. Exzellente Schnittblume und reizvoller Schmuck in Misch- und Sommerblumenrabatten.
- VERMEHRUNG Aussaat bei 16 °C im März oder April unter Glas oder im Mai direkt im Freien.

HÖHE
90 cm

BREITE
45 cm

Compositae/Asteraceae	RAUHER SONNENHUT, SOMMERBLUMEN-RUDBECKIE

RUDBECKIA HIRTA 'Goldilocks'

Wuchs Aufrechte, rauh behaarte Zweijährige oder Staude, einjährig gezogen. ***Blüten*** Goldorange, mit purpurbrauner Mitte; gefüllte oder halbgefüllte, 7 cm breite Körbchen. Blütezeit Juli–Oktober. ***Blätter*** Eiförmig; dunkelgrün.

- HERKUNFT Züchtung.
- KULTUR In feuchten, gut durchlässigen, mäßig nährstoffreichen Böden. Exzellente Schnittblume.
- VERMEHRUNG Aussaat bei 16–18 °C im Frühjahr unter Glas. Nach den Eisheiligen auspflanzen.
- WEITERER NAME *R. gloriosa* 'Goldilocks'.

HÖHE
Bis 60 cm

BREITE
30 cm

Bignoniaceae	SCHÖNRANKE

ECCREMOCARPUS SCABER

Wuchs Schlanker, immergrüner Ranker, oft einjährig gezogen. ***Blüten*** Orangerot; röhrenförmig, 2–3 cm lang, in Trauben. Blütezeit Juni–Oktober. ***Blätter*** Gefiedert, mit eiförmigen Blättchen; leuchtendgrün.

- HERKUNFT Gestrüpp und Waldränder in Chile.
- KULTUR An warmen, sonnigen Standorten in nährstoffreiche, gut durchlässige Böden pflanzen. Rankt sich hübsch an Spalieren oder Sträuchern hoch.
- VERMEHRUNG Aussaat bei 13–16 °C von Februar bis April unter Glas.

HÖHE
3–5 m

Acanthaceae	SCHWARZÄUGIGE SUSANNE

THUNBERGIA ALATA

Wuchs Immergrüne, windende Staude, oft einjährig kultiviert. ***Blüten*** Cremeweiß, gelb oder leuchtend-orange, zuweilen mit purpurbraunem Auge; tellerförmig, mit 5 spreizenden Saumlappen, 3–4 cm breit, einzeln in den Blattachseln. Blütezeit Mai–Oktober. ***Blätter*** Herzförmig bis dreieckig, gezähnt, am Grund gelappt, langgestielt; mittelgrün.

• HERKUNFT Wälder im tropischen Afrika.

• KULTUR Braucht nährstoffreiche, feuchte, aber gut durchlässige Böden und sonnige bis halbschattige, warme, geschützte Standorte. Kann auch als Zimmer- oder Gewächshauspflanze in Topferde mit Lehmanteil gezogen werden. Die Pflanze mag helle Orte, man sollte sie jedoch vor der stärksten Sonne schützen. Während des Wachstums reichlich, im Winter nur spärlich gießen. Kann an Spalieren, Pergolen oder anderen Kletterhilfen hochgezogen werden, wirkt aber auch zwischen Sträuchern oder in einer Mischrabatte reizvoll.

• VERMEHRUNG Durch Aussaat bei 16–18 °C im Frühjahr, noch grüne Stecklinge im Frühsommer bzw. halbausgereifte Stecklinge im Spätsommer.

Min.
7–10 °C

HÖHE
1,5–2 m

Scrophulariaceae	

ALONSOA LINEARIS

Wuchs Aufrechter Halbstrauch, einjährig gezogen. ***Blüten*** Ziegelrot, Schlund schwarz gefleckt; gespornt, 2lippig, 2–3 cm breit, in lockeren Trauben. Blütezeit Juli–September. ***Blätter*** Linealisch bis lanzettförmig, zugespitzt; dunkelgrün.
- HERKUNFT Gestrüpp in Peru und Chile.
- KULTUR In nährstoffreiche, gut durchlässige Böden in der Sonne setzen. Für Sommerblumenbeete.
- VERMEHRUNG Durch Aussaat bei 18 °C unter Glas im zeitigen Frühjahr.
- WEITERER NAME *A. linifolia.*

HÖHE
Bis 1 m

BREITE
30 cm

Compositae/Asteraceae	

TITHONIA ROTUNDIFOLIA 'Fackel'

Wuchs Kräftige, verzweigte Einjährige. ***Blüten*** Leuchtend orangerot; dahlienähnliche Blütenkörbe, einzeln auf verzweigten Stengeln. Blütezeit August–Oktober. ***Blätter*** Herzförmig, ungeteilt oder 3lappig; dunkelgrün.
- HERKUNFT Züchtung.
- KULTUR In mäßig nährstoffreichen, durchlässigen Böden. Schnitt- und Mischrabattenblume.
- VERMEHRUNG Aussaat bei 13–18 °C im März oder April unter Glas oder im Mai im Freien.
- WEITERER NAME *T. speciosa* 'Fackel'.

HÖHE
Bis 2 m

BREITE
30 cm

Acanthaceae	

THUNBERGIA GREGORII

Wuchs Immergrüne, windende Staude, oft einjährig gezogen. ***Blüten*** Kräftig orange; tellerförmig, 5 cm breit. Blütezeit Juni–August. ***Blätter*** Eiförmig bis dreieckig, Stiele wellig geflügelt; mittelgrün.
- HERKUNFT Tropisches Afrika.
- KULTUR Für nährstoffreiche, feuchte, durchlässige Böden und sonnige bis halbschattige, geschützte Standorte. Ideal für Spaliere und andere Kletterhilfen.
- VERMEHRUNG Durch Aussaat bei 18–21 °C im Frühjahr, noch grüne Stecklinge im Frühsommer oder halbausgereifte Stecklinge im Spätsommer.

Min.
10–13 °C

HÖHE
2,2 m

Compositae/Asteraceae	RAUHER SONNENHUT, SOMMERBLUMEN-RUDBECKIE

RUDBECKIA HIRTA 'Rustic Dwarfs'

Wuchs Aufrecht wachsende, rauh behaarte Zweijährige oder Staude, einjährig gezogen. ***Blüten*** Gelbe bis rotbraune Farbtöne, teils zweifarbig, mit purpurbrauner Mitte; 7 cm breite Körbchen. Blütezeit Juli–Oktober. ***Blätter*** Eiförmig; dunkelgrün.
- HERKUNFT Züchtung.
- KULTUR Für feuchten, gut durchlässigen, mäßig nährstoffreichen Boden. Schöne Schnittblume.
- VERMEHRUNG Aussaat bei 16–18 °C im Frühjahr unter Glas. Nach den Eisheiligen auspflanzen.
- WEITERER NAME *R. gloriosa* 'Rustic Dwarfs'.

HÖHE
Bis 60 cm

BREITE
Bis 30 cm

Compositae/Asteraceae	GARTENSTROHBLUME

HELICHRYSUM BRACTEATUM Monstrosum-Serie

Wuchs Kräftige Einjährige oder kurzlebige Staude. ***Blüten*** Weiß, rosa, rot, gelb oder orange; gefüllte Körbchen, mit papierartigen Strahlen. Blütezeit Juli–September. ***Blätter*** Lanzettförmig; graugrün.

- HERKUNFT Züchtung.
- KULTUR In mäßig nährstoffreichen, gut durchlässigen Böden an sonnigen Plätzen. Trockenblume.
- VERMEHRUNG Aussaat von März bis Mai bei 18 °C.
- WEITERER NAME *Bracteantha bracteata* Monstrosum-Serie.

HÖHE
Bis 90 cm

BREITE
30 cm

Compositae/Asteraceae	GARTENRINGELBLUME, SONNWENDBLUME, GOLDBLUME

CALENDULA OFFICINALIS 'Geisha Girl'

Wuchs Kräftige, aufrechte Einjährige. ***Blüten*** Tieforange; gefüllte, bis 10 cm breite Körbchen, mit eingerollten Strahlen. Juni–Oktober. ***Blätter*** Lanzett- bis spatelförmig, fein behaart; leuchtendgrün.

- HERKUNFT Züchtung.
- KULTUR Verträgt alle gut durchlässigen Böden in der Sonne. Schön in Mischrabatten sowie Bauern- und Kräutergärten. Hübsche Schnittblume. Die Blüten eignen sich für Tees.
- VERMEHRUNG Freilandaussaat im Frühjahr oder Herbst. Herbstsämlinge mit Hauben schützen.

HÖHE
60 cm

BREITE
30–60 cm

Compositae/Asteraceae	

EMILIA JAVANICA

Wuchs Rosettenbildende Einjährige. ***Blüten*** Scharlach- bis orangerot; gefüllt, quastenähnlich, ab 1,5 cm breit, einzeln oder in endständigen Dolden. Blütezeit Juli–September. ***Blätter*** Lanzettförmig; graugrün.

- HERKUNFT Steinhänge im tropischen Afrika.
- KULTUR Bevorzugt gut durchlässige Böden und vollsonnige Standorte. Schöne Schnitt- und Trockenblume.
- VERMEHRUNG Aussaat bei 18 °C im Frühjahr.
- WEITERE NAMEN *E. coccinea, E. flammea, Cacalia coccinea, C. sagittata.*

HÖHE
45–60 cm

BREITE
30–60 cm

Compositae/Asteraceae	

DAHLIA 'Dandy'

Wuchs Buschige Staude, einjährig kultiviert. ***Blüten*** Weiß, rot, gelb oder orange, mit helleren Strahlenblüten um die Blütenmitte; bis 7 cm breite Körbchen, Strahlen gefältelt. Blütezeit Juni–Oktober. ***Blätter*** Eiförmig, gefiedert; mittelgrün.

- HERKUNFT Züchtung.
- KULTUR In nährstoffreiche, feuchte, jedoch gut durchlässige Böden in der Sonne pflanzen. Zum Schnitt sowie für Beete und Blumenkästen geeignet.
- VERMEHRUNG Aussaat bei 16 °C von Februar bis April. Für buschigen Wuchs Mitteltrieb entspitzen.

HÖHE
60 cm

BREITE
60 cm

Compositae/Asteraceae

Arctotis-Harlekin-Hybride 'Torch'

Wuchs Aufrechte, verzweigte, langsamwachsende Staude, einjährig kultiviert. ***Blüten*** Kräftig rotbraun; 8 cm breite Körbchen. Blütezeit Juli–September. ***Blätter*** Eiförmig, fiederspaltig, weißwollig behaart; silbergrün.

• HERKUNFT Züchtung.

• KULTUR In leichten, mäßig nährstoffreichen, stark durchlässigen, jedoch feuchten Böden an vollsonnigen Standorten oder auch als Zimmer- oder Gewächshauspflanze. Für Unterglaskulturen verwendet man Topferde mit Lehmanteil und sorgt für viel Licht. Während des Wachstums mäßig gießen und alle zwei Wochen düngen. Liefert prächtige Schnittblumen und ist für warme, sonnige Hänge oder Sommerblumenrabatten geeignet.

• VERMEHRUNG Aussaat bei 18 °C im Frühjahr, für Unterglaskulturen im Herbst. Sämlinge einzeln in 9-cm-Töpfe setzen, damit die Pfahlwurzeln beim Auspflanzen nicht beschädigt werden. Ganzjährig kann auch durch Triebstecklinge vermehrt werden. Jungpflanzen frostfrei überwintern.

• WEITERER NAME *x Venidioarctotis* 'Torch'.

Min. 5 °C

HÖHE
45 cm

BREITE
45 cm

Solanaceae	

BROWALLIA SPECIOSA 'White Troll'

Wuchs Buschige Staude, einjährig kultiviert. ***Blüten*** Weiß; tellerförmig, 5lappig, in den Blattachseln. Juni. ***Blätter*** Schmal eiförmig; mittelgrün.

- HERKUNFT Züchtung.
- KULTUR In lehmhaltiges Pflanzsubstrat setzen. Liebt helle Standorte, jedoch keine direkte Sonne. Kann auch als Zimmer- oder Gewächshauspflanze gezogen werden. Mäßig gießen und monatlich einen ausgewogenen Flüssigdünger verabreichen.
- VERMEHRUNG Aussaat bei 18 °C im zeitigen Frühjahr oder im Spätsommer für Winterflor.

☼ ◊

Min. 13 °C

HÖHE
Bis 25 cm

BREITE
25 cm

Plumbaginaceae	GEFLÜGELTER STRANDFLIEDER

LIMONIUM SINUATUM 'Iceberg'

Wuchs Aufrecht wachsende, rosettenbildende Staude. ***Blüten*** Reinweiß; winzig, trichterförmig, in Doldentrauben bildenden Ährchen. Juli–September. ***Blätter*** Schmal lanzettförmig, gelappt; mittelgrün.

- HERKUNFT Züchtung.
- KULTUR Benötigt leichte, gut durchlässige Böden und vollsonnige Standorte. Schöne Schnitt- und Trockenblume. Blüten kurz vor dem vollständigen Öffnen schneiden.
- VERMEHRUNG Aussaat bei 13–18 °C im zeitigen Frühjahr unter Glas. Mitte Mai auspflanzen.

☼ ◊
❄❄

HÖHE
40 cm

BREITE
30 cm

Cruciferae/Brassicaceae	BITTERE SCHLEIFENBLUME

IBERIS AMARA

Wuchs Aufrechte verzweigte Einjährige. ***Blüten*** Weiß bis purpurgetönt; duftend, mit 4 Kronblättern, in Doldentrauben. Blütezeit Mai–August. ***Blätter*** Lanzett- bis spatelförmig; mittelgrün.

- HERKUNFT Offene Lagen mit sehr stark durchlässigen Kalkböden in Westeuropa.
- KULTUR In kargen bis mäßig nährstoffreichen, gut durchlässigen, neutralen bis basischen Böden in der Sonne ziehen. Für Beete und Rabatten.
- VERMEHRUNG Aussaat im Frühjahr oder Herbst im Freiland, im Spätwinter bei 16 °C unter Glas.

☼ ◊
❄❄❄

HÖHE
15–45 cm

BREITE
15 cm

Cruciferae/Brassicaceae	DUFTSTEINRICH, STRANDSTEINKRAUT

LOBULARIA MARITIMA 'Snow Crystals'

Wuchs Kompakte, polsterbildende Einjährige. ***Blüten*** Reinweiß; kreuzförmig, nach Honig duftend, in dichten, rundlichen Trauben. Blütezeit Juni–September. ***Blätter*** Schmal lanzettförmig; graugrün.

- HERKUNFT Züchtung.
- KULTUR In durchlässigen Böden an vollsonnigen Standorten. Für Beete, Einfassungen und Kästen.
- VERMEHRUNG Aussaat bei 13–18 °C ab Ende März unter Glas oder Ende April im Freiland.
- WEITERER NAME *Alyssum maritimum* 'Snow Crystals'.

☼ ◊
❄❄❄

HÖHE
25 cm

BREITE
20–25 cm

Boraginaceae

OMPHALODES LINIFOLIA

Wuchs Aufrechte, recht schnellwüchsige, zierliche, unten verzweigte Einjährige. ***Blüten*** In Weiß, manchmal mit blauer Tönung, oder Blaßblau erhältlich; kurzröhrig, schwach duftend, bis 1,5 cm breit, reichblühend, in lockeren Trauben an grazilen Stengeln. Blütezeit Juni–September. ***Blätter*** Schmal lanzett- bis spatelförmig, leicht weiß behaart, bis 10 cm lang, meist grundständig, Stengelblätter kleiner, sehr schmal und ungestielt; graugrün.

• HERKUNFT Trockene, offene Lagen, meist mit basischem Untergrund, in SW-Europa.

• KULTUR In leichte, gut durchlässige, mäßig nährstoffreiche, vorzugsweise neutrale bis basische Böden an offenen, vollsonnigen Standorten pflanzen. Lockert Sommer- und Wildblumenrabatten auf und eignet sich ausgezeichnet als Füllpflanze in Misch- und Staudenrabatten oder Kiesanlagen. Wird in Sträußen als duftiges Beiwerk ähnlich dem Einjährigen Schleierkraut *(Gypsophila elegans)* eingebunden.

• VERMEHRUNG Freilandaussaat im Frühjahr. Oft Selbstaussaat.

HÖHE
30–40 cm

BREITE
15 cm

Hydrophyllaceae	

NEMOPHILA MACULATA

Wuchs Einjährige mit fleischigen Stengeln und niederliegenden Trieben. ***Blüten*** Weiß, blauviolett gefleckt; tellerförmig, langgestielt. Blütezeit Juni–Juli. ***Blätter*** Gefiedert, mit eiförmigen Blättchen; leuchtendgrün.

- HERKUNFT Sierra Nevada in Kalifornien, USA.
- KULTUR In feuchten, gut durchlässigen Böden in der Sonne. Für Rabatteneinfassungen und Blumenkästen. Bei anhaltender Trockenheit reichlich gießen.
- VERMEHRUNG Freilandaussaat ab März. Sät sich selbst aus.

HÖHE
15–30 cm

BREITE
15–30 cm

Compositae/Asteraceae	REGENANZEIGENDE KAPRINGELBLUME

DIMORPHOTHECA PLUVIALIS

Wuchs Aufrecht wachsende Einjährige mit behaartem Laub. ***Blüten*** Weiß, mit bräunlichvioletter Mitte; einfache, 6 cm breite Körbchen. Blütezeit Juli–September. ***Blätter*** Lanzettförmig, gezähnt; dunkelgrün.

- HERKUNFT Semiaride Gebiete, südliches Afrika.
- KULTUR Braucht leichte, gut durchlässige Böden und geschützte Lagen. Ideale Schnitt-, Beet- und Rabattenblume.
- VERMEHRUNG Aussaat bei 18 °C unter Glas ab Mitte März oder im Freiland im Mai.
- WEITERER NAME *D. annua.*

HÖHE
Bis 40 cm

BREITE
15–30 cm

Polemoniaceae	

LINANTHUS GRANDIFLORUS

Wuchs Schlanke, aufrecht wachsende, verzweigte Einjährige. ***Blüten*** Weiß, lilarosa oder lila, mit weißen Sprenkeln; trichterförmig, mit spreizenden Kronzipfeln, bis 3 cm breit, in Doldentrauben. Blütezeit Juni–September. ***Blätter*** Fiederteilig, mit nadelähnlichen Abschnitten; mittelgrün.

- HERKUNFT Trockengebiete in Südkalifornien.
- KULTUR In leichten, gut durchlässigen Böden an sonnigen Standorten. Für Misch-, Sommerblumen- und Wildblumenrabatten. Eignet sich zum Schnitt.
- VERMEHRUNG Freilandaussaat von April bis Juni.

HÖHE
30–50 cm

BREITE
25 cm

Compositae/Asteraceae	

OSTEOSPERMUM 'Whirligig'

Wuchs Halbstrauch, einjährig gezogen. ***Blüten*** Oberseite weiß, Unterseite graublau, mit blauer Mitte; 8 cm breite Körbchenblüten, mit löffelartigen Strahlen. Blütezeit Juli–September. ***Blätter*** Lanzettförmig, gezähnt; graugrün.
• HERKUNFT Züchtung.
• KULTUR Bevorzugt durchlässige Böden und warme, sonnige, geschützte Plätze. Schnittblume.
• VERMEHRUNG Aussaat bei 18 °C im Frühjahr oder Kopfstecklinge im Frühjahr bzw. Sommer.
• WEITERER NAME *O.* 'Tauranga'.

HÖHE
Bis 60 cm

BREITE
60 cm

Euphorbiaceae	SCHNEE AUF DEM BERGE, BERGSCHNEE

EUPHORBIA MARGINATA

Wuchs Oben gabelig verzweigter, einjähriger Busch. ***Blüten*** Grün, grünlichweiß gerandet, gefleckt oder panaschiert; in endständigen, bis 5 cm breiten, doldenähnlichen Blütenständen, von Hochblättern umgeben. Blütezeit Juli–September. ***Blätter*** Eiförmig; mittelgrün, mit weißen Rändern und Adern.
• HERKUNFT Nordamerika.
• KULTUR In leichten, gut durchlässigen Böden in der Sonne. Ideale Schnittblume.
• VERMEHRUNG Freilandaussaat im Frühjahr.
• WEITERER NAME *E. variegata.*

HÖHE
30–90 cm

BREITE
30 cm

Resedaceae	GARTENRESEDA, WOHLRIECHENDE RESEDA

RESEDA ODORATA

Wuchs Aufrecht wachsende, unbehaarte, unten verzweigte Einjährige. ***Blüten*** Weiß, grünlichgelb oder rötlichgrün; sternförmig, 7 mm breit, stark duftend, in konischen Trauben. Blütezeit Juli–September. ***Blätter*** Ei- bis lanzettförmig, gelappt; mittelgrün.
• HERKUNFT Gestrüpp und Steinhänge, Nordafrika.
• KULTUR In gut durchlässigen, basischen, mäßig nährstoffreichen Böden an sonnigen bis halbschattigen Standorten. Schnitt- und Trockenblume.
• VERMEHRUNG Aussaat bei 13 °C ab Anfang April unter Glas oder ab Mitte April im Freiland.

HÖHE
30–60 cm

BREITE
25 cm

Dipsacaceae	STERNSKABIOSE

SCABIOSA STELLATA

Wuchs Verzweigt wachsende Einjährige, mit drahtigen Stengeln. ***Blüten*** Gelblich; kugelförmige Blütenstände. Blütezeit Juni–August. ***Blätter*** Lanzettförmig; mittelgrün. ***Früchte*** Von Hochblättern umgebene, kugelförmige Samenstände; silbrig-cremeweiß.
• HERKUNFT Sonnige Steinhänge in Südeuropa.
• KULTUR In leichten, mäßig fetten, neutralen bis schwach basischen, durchlässigen Böden in voller Sonne. Die Fruchtstände eignen sich zum Trocknen.
• VERMEHRUNG Aussaat bei 6–12 °C ab Mitte März unter Glas oder direkt im Freien ab Ende April.

HÖHE
Bis 45 cm

BREITE
25 cm

Compositae/Asteraceae	KURZSCHOPF

BRACHYCOME IBERIDIFOLIA 'White Splendour'

Wuchs Breitbuschige Einjährige. ***Blüten*** Weiß, mit gelber Mitte; 4 cm breite, margeritenähnliche Körbchen. Blütezeit Juni–September. ***Blätter*** Gefiedert, mit linealischen Blättchen, flaumig behaart; graugrün.
- HERKUNFT Züchtung.
- KULTUR Braucht nährstoffreiche, gut durchlässige Böden und warme, sonnige, geschützte Standorte. Eignet sich für Beete, Einfassungen, Gefäße und Trockenhänge. Verträgt Trockenheit.
- VERMEHRUNG Aussaat bei 18 °C im März.

HÖHE
30 cm

BREITE
35 cm

Solanaceae	

NIEREMBERGIA HIPPOMANICA 'Mont Blanc'

Wuchs Aufrechte, verzweigte Staude, einjährig kultiviert. ***Blüten*** Weiß, mit hellgelbem Grundfleck; becherförmig, 2 cm breit. Blütezeit Juni–September. ***Blätter*** Linealisch, zugespitzt; leuchtendgrün.
- HERKUNFT Züchtung.
- KULTUR In leichte, feuchte, jedoch gut durchlässige Böden an geschützten, vollsonnigen Standorten pflanzen. Für Beete und Rabatteneinfassungen.
- VERMEHRUNG Durch Aussaat bei 15 °C unter Glas im Frühjahr oder Kopfstecklinge im Spätsommer.
- WEITERER NAME *N. caerulea* 'Mont Blanc'.

HÖHE
Bis 20 cm

BREITE
20 cm

Compositae/Asteraceae	

COSMOS BIPINNATUS 'Sonata White'

Wuchs Kompakte, verzweigte Einjährige.
Blüten Reinweiß, mit gelber Mitte; einfach, tellerförmig, bis 8 cm breit, einzeln. Juli–Oktober.
Blätter Doppelt fiederteilig; leuchtendgrün.
- HERKUNFT Züchtung.
- KULTUR In nährstoffreichen, feuchten, aber gut durchlässigen Böden in der Sonne. Hübsche Schnittblume, gut auch in Sommerbeeten oder als Füllpflanze in Misch- und Staudenrabatten.
- VERMEHRUNG Aussaat unter Glas bei 16 °C im März oder April oder Freilandaussaat im Mai.

HÖHE
45 cm

BREITE
30 cm

Compositae/Asteraceae	PRÄCHTIGE VENIDIE

VENIDIUM FASTUOSUM 'Zulu Prince'

Wuchs Breitwüchsige Staude, einjährig gezogen. ***Blüten*** Cremegelbe Strahlen, mit schwarzem und orangefarbenem Fußfleck; Körbchen. Juli–September. ***Blätter*** Eiförmig, fiederspaltig; silberweiß.
- HERKUNFT Züchtung.
- KULTUR Braucht leichte, stark durchlässige, jedoch feuchte Böden und warme, sonnige Standorte. Kann auch im Zimmer oder Gewächshaus gezogen werden. Ideal als Schnittblume oder in Rabatten.
- VERMEHRUNG Durch Aussaat bei 16–18 °C Anfang Mai oder Triebstecklinge im Sommer.

Min. 5 °C

HÖHE 30–60 cm

BREITE 30 cm

Compositae/Asteraceae	SPANISCHES GÄNSEBLÜMCHEN

ERIGERON KARVINSKIANUS 'Blütenmeer'

Wuchs Rhizomstaude, einjährig gezogen. ***Blüten*** Weiße oder rosafarbene Strahlenblüten um gelbe Mitte; 2 cm breite Körbchen. Blütezeit Mai–Oktober. ***Blätter*** Ei- bis lanzettförmig, behaart; graugrün.
- HERKUNFT Züchtung.
- KULTUR Wächst in nährstoffreichen, feuchten, jedoch gut durchlässigen Böden. Mittags beschatten. Gut für Ampeln und andere Gefäße.
- VERMEHRUNG Aussaat in Gefäßen im kalten Kasten zwischen Januar und April.
- WEITERER NAME *E. mucronatus* 'Blütenmeer'.

HÖHE 20–30 cm

BREITE 50 cm

Compositae/Asteraceae	ROTER PIPPAU

CREPIS RUBRA

Wuchs Rosettenbildende Einjährige oder kurzlebige Staude. ***Blüten*** Rosarot; löwenzahnähnliche, bis 3 cm breite Körbchen, einzeln oder paarweise auf steifen Stengeln. Blütezeit Juni–Juli. ***Blätter*** Lanzettförmig, gezähnt, behaart; blaßgrün.
- HERKUNFT Steinhänge auf dem Balkan, in Süditalien und Griechenland.
- KULTUR Gedeiht in der Sonne in durchlässigen Böden. Für Sommerblumen- oder Mischrabatten.
- VERMEHRUNG Aussaat im Frühjahr oder nach der Reife im kalten Kasten.

HÖHE 30–40 cm

BREITE 15 cm

Gentianaceae	PRÄRIEENZIAN

EUSTOMA GRANDIFLORUM Heidi-Serie

Wuchs Ein- oder Zweijährige. ***Blüten*** Weiß, rosa oder blauviolett, manchmal zweifarbig; glockenförmig, seidig. Blütezeit Juli–August. ***Blätter*** Ei- bis lanzettförmig; graugrün.

- HERKUNFT Züchtung.
- KULTUR In gut durchlässige, neutrale bis basische Böden an geschützten, sonnigen Standorten pflanzen. Zweijährig im Zimmer oder Gewächshaus ziehen.
- VERMEHRUNG Samen bei 13–16 °C im Januar bis Februar unter Glas aussäen.
- WEITERER NAME *Lisianthus russellianus* 'Heidi'.

Min. 5–7 °C

HÖHE 60–90 cm

BREITE 30 cm

Caryophyllaceae	HIMMELSRÖSCHEN

SILENE COELI-ROSA

Wuchs Aufrecht wachsende, zierliche Einjährige. ***Blüten*** Rosarot, mit weißem Schlund; tiefgekerbte Kronblätter, einzeln auf langen Stengeln. Blütezeit Juni–August. ***Blätter*** Schmal lanzettförmig; graugrün.

- HERKUNFT Mittelmeerraum.
- KULTUR Für gut durchlässige, neutrale bis leicht basische Böden und sonnige bis absonnige Plätze.
- VERMEHRUNG Freilandaussaat im Frühjahr oder Herbst.
- WEITERE NAMEN *Agrostemma coeli-rosa, Lychnis coeli-rosa, Viscaria elegans.*

HÖHE Bis 50 cm

BREITE 15 cm

Compositae/Asteraceae	LEBERBALSAM, BLAUSTERNCHEN

AGERATUM HOUSTONIANUM 'Swing Pink'

Wuchs Kompakter, polsterbildender Halbstrauch, einjährig gezogen. ***Blüten*** Rosa; winzig, feinblättrig, in rundlichen Körbchen. Blütezeit Mai–Oktober. ***Blätter*** Eiförmig, flaumig behaart; mittelgrün.

- HERKUNFT Züchtung.
- KULTUR In feuchten, durchlässigen, nährstoffreichen Böden an sonnigen, geschützten Standorten. Für Beete, Einfassungen und Pflanzgefäße. Verblühtes entfernen, damit ein zweiter Flor entsteht.
- VERMEHRUNG Aussaat bei 20–22 °C im März unter Glas. Nach den Eisheiligen auspflanzen.

HÖHE 15–20 cm

BREITE 15–20 cm

Ranunculaceae	GARTENRITTERSPORN, HYAZINTHENRITTERSPORN

CONSOLIDA AJACIS Dwarf-Rocket-Serie

Wuchs Kompakte Einjährige. ***Blüten*** Weiß, rosa, purpurn oder blau; gefüllt und gespornt, in dichten Trauben. Juni–August. ***Blätter*** Mehrfach handförmig geteilt, Abschnitte linealisch; leuchtendgrün.
• HERKUNFT Züchtung.
• KULTUR In leichten, nährstoffreichen, gut durchlässigen Böden in der Sonne ziehen. Schön in Sommerblumen- oder Mischrabatten sowie als Füllpflanze zwischen Stauden. In Trockenperioden reichlich gießen. Durch Entfernen verwelkter Blütenstände läßt sich die Blühdauer verlängern. Die Blütentrauben sind ideale Schnitt- und Trockenblumen. Zum Trocknen schneidet man sie am besten, wenn sie etwa zur Hälfte aufgeblüht sind, befreit die Stengel von den Blättern und hängt die Blütentriebe nach unten an einem luftigen Platz auf.
• VERMEHRUNG Durch Freilandaussaat zwischen Frühjahr und Frühsommer oder im Herbst. Herbstsämlinge über Winter mit einer Haube abdecken. Neigt zu Selbstaussaat, ist aber oft nicht samenecht.
• WEITERE NAMEN *C. ambigua* Dwarf-Rocket-Serie, *Delphinium consolida* Dwarf-Rocket-Serie.

☼ ◊ ❄❄❄

HÖHE
30–50 cm

BREITE
15–25 cm

Löwenmaul

Die gemeinhin als Löwenmaul oder Löwenmäulchen bekannten 30 bis 40 Arten Einjähriger, Stauden und Halbsträucher gehören der Gattung *Antirrhinum* an. Am häufigsten kultiviert werden die hier beschriebenen Sorten des Gartenlöwenmauls *A. majus*, einer frostempfindlichen, unten verzweigten, am Grund verholzenden Staude mit aufrechten Trauben aus duftenden, zweilippigen Blüten. Die Züchtungen decken eine reiche Farbpalette ab und umfassen auch viele zweifarbige Sorten. Das Gartenlöwenmaul und seine Kultivare sind zwar kurzlebige Stauden, doch erweisen sie sich im ersten Jahr am blühwilligsten und zeigen sich von ihrer schönsten Seite, wenn man sie einjährig zieht. Die Sorten werden in folgende Gruppen eingeteilt:

Hohe Sorten Diese bis 1 m hohen und 45 cm breiten Prachtexemplare leisten als Schnittblumen und Hintergrundpflanzen für Mischrabatten hervorragende Dienste.

Halbhohe Sorten werden 30–60 cm hoch und 45 cm breit und kommen in Beeten gut zur Geltung.

Niedrige Sorten Zu dieser Gruppe zählen Pflanzen von nicht mehr als 30 cm Höhe und Breite. Sie eignen sich für Einfassungen, kleine Anlagen und Gefäße.

Löwenmäulchen benötigen gut durchlässige, nährstoffreiche Böden und warme, vollsonnige Standorte. Sobald die Jungpflanzen 7 bis 10 cm hoch sind, knipst man die Triebspitze ab, um einen buschigen Wuchs zu fördern. Durch regelmäßiges Entfernen von Verblühtem erreicht man einen lang anhaltenden Flor. Hohe Sorten müssen an ungeschützten Standorten an Stäbe angebunden werden.

Ausgesät wird unter Glas bei 16–18 °C von Januar bis März. Nach den Eisheiligen pflanzt man die Sämlinge ins Freie. Auch eine Aussaat im Spätsommer beziehungsweise Frühherbst ist möglich, sofern die Jungpflanzen im Kalthaus bei etwa 4–7 °C überwintert und vor dem Auspflanzen abgehärtet werden.

Löwenmäulchen sind anfällig für Löwenmaulrost, Echten Mehltau und Blattläuse. Oft durchlöchern Bienen die Blüten bei ihrer Suche nach Nektar.

A. Tahiti-Serie

Wuchs Kompakte, kräftige Einjährige; rostresistent. ***Blüten*** Weiß, rosarot, rot, gelb, bronze oder orange, zum Teil 2farbig. Blütezeit Juni–Oktober. ***Blätter*** Lanzettförmig, glänzend; dunkelgrün.
- HÖHE Bis 20 cm.
- BREITE Bis 30 cm.

A. Tahiti-Serie (Niedrig)
Gartenlöwenmaul

A. Coronette-Serie

Wuchs Kräftig, buschig, vielblütig; wetterunempfindlich und rostresistent. ***Blüten*** Weiß, rosa, scharlachrot, purpurrot, lachsrot oder zitronengelb; regelmäßige, dichte Trauben. Blütezeit Juni–Oktober. ***Blätter*** Lanzettförmig, glänzend; dunkelgrün.
- HÖHE 65 cm.
- BREITE 45 cm.

A. Coronette-Serie (Hoch)
Gartenlöwenmaul

A. Sonnet-Serie

Wuchs Buschige, früh- und reichblühende Einjährige; witterungsbeständig. ***Blüten*** Weiß, rosa, karminrot, burgunderrot, gelb oder bronze. Blütezeit Mai–Oktober. ***Blätter*** Lanzettförmig, glänzend; dunkelgrün.
- HÖHE 30–60 cm.
- BREITE 30 cm.

A. Sonnet-Serie (Halbhoch)
Gartenlöwenmaul

A. 'Magic Carpet' Mischung

Wuchs Buschige, kräftige, verzweigte Einjährige. ***Blüten*** Weiß, rosa, karminrot, burgunderrot, gelb oder bronze; breit röhrenförmig, zahlreich. Blütezeit Mai–Oktober. ***Blätter*** Lanzettförmig, glänzend; dunkelgrün.
- HÖHE 15 cm.
- BREITE 30 cm.

A. 'Magic Carpet' Mischung (Niedrig)
Gartenlöwenmaul

A. Princess-Serie

Wuchs Aufrechte, reich verzweigte Stauden, einjährig gezogen. ***Blüten*** Karminrot, mit weißen Streifen und gelbem Rachen; röhrenförmig, 2lippig, zahlreich. Blütezeit Juni–Oktober. ***Blätter*** Lanzettförmig, glänzend; dunkelgrün.
- HÖHE 45 cm.
- BREITE 45 cm.

***A.* Princess-Serie** (Halbhoch) Gartenlöwenmaul

A. 'Bells'

Wuchs Frühblühende Staude, einjährig kultiviert. ***Blüten*** Karminrot; 2lippig, rundblütig, in aufrechten, hyazinthenähnlichen Blütenständen, zahlreich. Blütezeit Juni–Oktober. ***Blätter*** Lanzettförmig, glänzend; tiefgrün.
- HÖHE 20–30 cm.
- BREITE 30 cm.

***A.* 'Bells'** (Niedrig) Gartenlöwenmaul

A. Madame-Butterfly-Serie

Wuchs Kräftige, aufrechte, vielblütige Einjährige. ***Blüten*** Rosa, rot, gelb, apricot, pfirsichfarben oder orange; gefüllt, azaleenartig, in breiten, dichten Trauben. Blütezeit Juni–Oktober. ***Blätter*** Lanzettförmig, glänzend; dunkelgrün.
- HÖHE 60–75 cm.
- BREITE 45 cm.

***A.* Madame-Butterfly-Serie** (Hoch) Gartenlöwenmaul

A. Royal-Carpet-Serie

Wuchs Kompaktbuschige, kräftige Einjährige; rostresistent. ***Blüten*** Weiß, blaß bis kräftig rosa, rot bis bronzerot oder in Gelbtönen. Blütezeit Mai–Oktober. ***Blätter*** Lanzettförmig, glänzend; dunkelgrün.
- HÖHE 20 cm
- BREITE 30 cm.

***A.* Royal-Carpet-Serie** (Niedrig) Gartenlöwenmaul

A. 'Trumpet Serenade'

Wuchs Kompakte, kräftige, aufrechte Einjährige. ***Blüten*** 2farbig, in vielen verschiedenen Farben, darunter auch Pastelltöne; offen, trichterförmig. Blütezeit Juni–Oktober. ***Blätter*** Lanzettförmig, glänzend; dunkelgrün.
- HÖHE 30 cm.
- BREITE 30 cm.

***A.* 'Trumpet Serenade'** (Niedrig) Gartenlöwenmaul

A. Hyazinthenblütige Serie

Wuchs Kräftige, straff aufrechte, reichblühende Einjährige. ***Blüten*** Warme Farbtöne; groß, weit geöffnet, in hyazinthenähnlichen, dichten Trauben. Blütezeit Juni–Oktober. ***Blätter*** Lanzettförmig, glänzend; dunkelgrün.
- HÖHE 45 cm.
- BREITE 45 cm.

***A.* Hyazinthenblütige Serie** (Halbhoch) Gartenlöwenmaul

A. Floral-Carpet-Serie

Wuchs Kompakte, kräftige Einjährige. ***Blüten*** Leuchtendrosa, purpurrosa, rot oder bronzegelb; regelmäßige, langblühende Trauben. Blütezeit Mai–Oktober. ***Blätter*** Lanzettförmig, glänzend; dunkelgrün.
- HÖHE 20 cm.
- BREITE Bis 30 cm.

***A.* Floral-Carpet-Serie** (Niedrig) Gartenlöwenmaul

Begonie

Die äußerst vielfältige Gattung der Begonien *(Begonia)* umfaßt rund 900 Arten Einjähriger, Stauden, Sträucher und Kletterer, darunter viele Zimmer- und Gewächshauspflanzen. Bei den hier beschriebenen Begonia-Semperflorens-Hybriden handelt es sich um immergrüne Stauden, die aus Kreuzungen zwischen *B. cucullata* var. *hookeri, B. schmidtiana* und anderen Arten entstanden sind. Sie werden in Mitteleuropa einjährig gezogen und eignen sich für Sommerbeete, Einfassungen und Gefäße wie Blumenkästen oder Ampeln. Auch als mehrjährige Zimmerpflanzen haben sie sich bewährt.

Semperflorens-Hybriden entwickeln reich verzweigte, fleischige Triebe, rundliche, grüne oder bronzefarbene Blätter und schmücken sich im Sommer mit kleinen, einfachen oder gefüllten Blüten, die 2–3 cm im Durchmesser erreichen.

Man pflanzt sie in gut durchlässige, nährstoffreiche, neutrale bis saure Humusböden. Sie blühen an halbschattigen Plätzen besonders üppig und vertragen auch Sonne, doch darf man sie nicht der prallen Mittagssonne aussetzen. Für Unterglas- und Zimmerkulturen verwendet man am besten Topferde mit oder ohne Lehmanteil und sorgt für reichlich Licht und gute Durchlüftung. Gießen Sie mäßig, und düngen Sie während des Wachstums wöchentlich. Im Winter wird die Topferde nur leicht feucht gehalten und die Temperatur auf 10–15 °C abgesenkt.

Die Vermehrung erfolgt durch Aussaat im Januar oder Februar unter Glas bei 22 °C in handelsübliche Anzuchterde. Der feine Samen wird mit etwas Sand vermischt, damit er sich gleichmäßig ausbringen läßt, und nicht mit Erde bedeckt. Etwa sechs Wochen nach der Aussaat werden die Keimlinge in torfhaltiges Pikiersubstrat vereinzelt. Das Auspflanzen erfolgt ab Mitte Mai, nachdem die Sämlinge abgehärtet wurden. Alternativ kann man im Frühjahr auch Basalstecklinge abnehmen.

Semperflorens-Hybriden werden zuweilen von Raupen, Thripsen, dem Gefurchten Dickmaulrüßler, Grauschimmel *(Botrytis)*, Echtem Mehltau und Stengelgrundfäule befallen.

B. 'Olympia White'
Wuchs Buschige, kompakte, reich verzweigte Staude mit Faserwurzeln; wetterunempfindlich. ***Blüten*** Reinweiß; einfach, regelmäßig geformt, zahlreich. Blütezeit Juni–August. ***Blätter*** Rundlich; mittelgrün.
- HÖHE 20 cm.
- BREITE 20 cm.

B. 'Olympia White'
(Olympia-Serie)
Eisbegonie, Beetbegonie, Sommerbegonie
Min. 13 °C

B. Cocktail-Serie
Wuchs Kompakte, immergrüne Stauden mit Faserwurzeln. ***Blüten*** Weiß, rosa oder rot, zum Teil 2farbig; einfach. Blütezeit Juni–August. ***Blätter*** Rundlich; dunkel bronzegrün.
- HÖHE 20–30 cm.
- BREITE 30 cm.

B. Cocktail-Serie
Eisbegonie, Beetbegonie, Sommerbegonie
Min. 13 °C

B. Coco-Serie

Wuchs Buschige, sehr kompakte, immergrüne Stauden mit Faserwurzeln. ***Blüten*** 2farbig, in Weiß-, Rosarot-, Rot- oder Scharlachtönen; regelmäßig geformt, einfach. Blütezeit Juni–August. ***Blätter*** Rundlich, glänzend; bronzerot.

- HÖHE 15–20 cm.
- BREITE 15–20 cm.

B. Coco-Serie
Eisbegonie, Beetbegonie, Sommerbegonie

☀ 💧 Min. 13 °C

B. 'Organdy' Mischung

Wuchs Kompakte, immergrüne Stauden mit Faserwurzeln; wetterfest. ***Blüten*** Weiß, rosarot, rosa und scharlachrot in verschiedenen Schattierungen; einfach. Blütezeit Juni–August. ***Blätter*** Rundlich, wächsern, glänzend; grün oder bronzerot.

- HÖHE 15 cm.
- BREITE 15 cm.

B. 'Organdy' Mischung
Eisbegonie, Beetbegonie, Sommerbegonie

☀ 💧 Min. 13 °C

B. 'Devon Gems' Mischung

Wuchs Kompakte, immergrüne Stauden; wetterunempfindlich. ***Blüten*** Weiß, rosa oder rot; groß, einfach. Blütezeit Juni–Oktober. ***Blätter*** Rundlich, wächsern, glänzend; bronzerot und schokoladebraun.

- HÖHE 15–20 cm.
- BREITE 15–20 cm.

B. 'Devon Gems' Mischung
Eisbegonie, Beetbegonie, Sommerbegonie

☀ 💧 Min. 13 °C

B. 'Olympia Red'

Wuchs Kompakt-buschige, immergrüne Staude mit Faserwurzeln, einjährig gezogen; wetterunempfindlich. ***Blüten*** Rot; einfach, regelmäßig geformt, zahlreich. Blütezeit Juni–Oktober. ***Blätter*** Rundlich; mittelgrün.

- HÖHE 20 cm.
- BREITE 20 cm.

B. 'Olympia Red'
(Olympia-Serie)
Eisbegonie, Beetbegonie, Sommerbegonie

☀ 💧 Min. 13 °C 🏆

B. 'Red Ascot'

Wuchs Kompakte, vielblütige, immergrüne Staude mit Faserwurzeln. ***Blüten*** Gleichmäßig karminrot gefärbt; klein, einfach, zahlreich. Blütezeit Juni–August. ***Blätter*** Rundlich, glänzend; leuchtend smaragdgrün.

- HÖHE 15 cm.
- BREITE 15 cm.

B. 'Red Ascot'
Eisbegonie, Beetbegonie, Sommerbegonie

☀ 💧 Min. 13 °C

NELKE

Zur Gattung der Nelken *(Dianthus)* gehören über 300 Arten Ein- und Zweijähriger, immergrüner Stauden und Halbsträucher. Die einjährig gezogenen Gewächse stammen von der Gartennelke *(D. caryophyllus)* oder der Kaiser- bzw. Heddewigsnelke *(D. chinensis)* ab. Sie sind eigentlich zwei- oder mehrjährig, haben aber eine insgesamt kurze Lebensdauer und blühen am üppigsten im ersten Jahr, weshalb man sie meistens einjährig kultiviert.

Auch die Bartnelke *(D. barbatus)* findet als kurzlebige Staude oder eher Zweijahrespflanze Verwendung. Sät man sie aber bereits im Spätwinter oder zeitigen Frühjahr, schmücken sich ihre Sorten schon im ersten Jahr mit Blüten.

Die hier beschriebenen Nelken werden vor allem wegen ihrer herrlich duftenden Blüten gezogen, die vom Frühsommer bis in den Herbst hinein den Garten zieren. Sie sind als Ein- oder Zweijährige aus Schnittblumenrabatten nicht mehr wegzudenken. Doch auch als Lückenfüller in Mischrabatten und Beeten oder als Gruppenpflanzung in Sommerblumenrabatten setzen sie stets Akzente.

Nelken bevorzugen gut durchlässige, neutrale bis basische Böden und offene, warme, vollsonnige Plätze. Vor dem Auspflanzen sollte ein ausgewogener Granulatdünger in den Boden eingearbeitet werden.

Das regelmäßige Entfernen welker Blüten begünstigt eine lange Blühdauer und führt bei Zweijährigen zuweilen sogar zu einem zweiten Flor. Bartnelkensorten müssen an ungeschützten Standorten mit sehr nährstoffreichem Untergrund manchmal gestützt werden. In kalten Wintern ist Winterschutz erforderlich.

Die Vermehrung Einjähriger erfolgt durch Aussaat in Töpfen bei 13–15 °C zwischen Januar und April. Zweijährige werden ab Ende Mai bis Juni im Saatbeet vermehrt oder wie Einjährige im zeitigen Frühjahr unter Glas herangezogen. Nachdem man die Sämlinge abgehärtet hat, setzt man sie im Mai ins Freie.

Nelken sind ein Leckerbissen für Nacktschnecken und Blattläuse. Letztere übertragen die Fusariumwelke und verschiedene Viruserkrankungen. Oft werden die Blätter der Bartnelkensorten auch durch Rostpilze geschädigt.

D. CARYOPHYLLUS Knight-Serie (weiß)

Wuchs Niedrige, buschige Stauden, einjährig kultiviert. ***Blüten*** Weiß; gefüllt, zahlreich, in lockeren Trugdolden auf steifen Stengeln. Blütezeit Juli–August. ***Blätter*** Linealisch, weich; mittelgrün.
- HÖHE 30 cm.
- BREITE 25 cm.

D. caryophyllus
Knight-Serie (weiß)
Gartennelke

☼ ◊ ❄❄❄

D. CHINENSIS Heddewigii-Gruppe

Wuchs Buschige, kurzlebige Stauden oder Zweijährige, einjährig gezogen. ***Blüten*** Weiß, rosa oder rot, teilweise mit purpurnem Auge; klein, einfach, duftend, gefranst oder geschlitzt. Juni–September. ***Blätter*** Lanzettförmig; blaß- bis mittelgrün.
- HÖHE 25–30 cm.
- BREITE 30 cm.

D. chinensis
Heddewigii-Gruppe
Heddewigsnelke

☼ ◊ ❄❄❄

D. BARBATUS Monarch-Serie

Wuchs Buschige, kurzlebige Stauden, in Kultur zweijährig. ***Blüten*** Weiß, rosa, karminrot oder purpurn, auch gemustert oder mit Auge; einfach, duftend. Blütezeit Juni–September. ***Blätter*** Lanzettförmig; dunkelgrün.
- HÖHE 60 cm.
- BREITE 30 cm.

D. barbatus
Monarch-Serie
Bartnelke

☼ ◊ ❄❄❄

D. CHINENSIS 'Fire Carpet'

Wuchs Gleichmäßig buschige, kompakte Staude, einjährig kultiviert. ***Blüten*** Kräftig scharlachrot, gleichmäßig gefärbt; einfach, zahlreich, in endständigen Trugdolden. Blütezeit Juni–September. ***Blätter*** Lanzettförmig; mittelgrün.

- HÖHE 20 cm.
- BREITE 30 cm.

D. chinensis 'Fire Carpet' (Carpet-Serie)
Kaisernelke

☼ ◊ ❄❄❄

D. CHINENSIS 'Telstar Crimson'

Wuchs Buschige, kurzlebige Staude, ein- oder zweijährig gezogen; wetterfest. ***Blüten*** Karminrot; einfach, zahlreich, in endständigen Trugdolden. Blütezeit Juni–September. ***Blätter*** Lanzettförmig; dunkel graugrün.

- HÖHE 20 cm.
- BREITE 25 cm.

D. chinensis 'Telstar Crimson' (Telstar-Serie)
Kaisernelke

☼ ◊ ❄❄❄

D. BARBATUS Roundabout-Serie

Wuchs Kompaktbuschige Stauden, ein- oder zweijährig gezogen. ***Blüten*** Weiß oder rosa, auch 2farbig oder mit Auge. Blütezeit Juni–September. ***Blätter*** Lanzettförmig; dunkelgrün.

- HÖHE 20 cm.
- BREITE 30 cm.

D. barbatus Roundabout-Serie
Bartnelke

☼ ◊ ❄❄❄

D. CHINENSIS Baby-Doll-Serie

Wuchs Kompaktbuschige Stauden oder Zweijährige, einjährig gezogen. ***Blüten*** Weiß, rosa oder karminrot; groß, einfach, schön gemustert. Von Juni bis September zahlreich blühend. ***Blätter*** Lanzettförmig; blaß- bis mittelgrün.

- HÖHE 15–20 cm.
- BREITE 20 cm.

D. chinensis Baby-Doll-Serie
Kaisernelke

☼ ◊ ❄❄❄

Compositae/Asteraceae | ROSENSONNENFLÜGEL

HELIPTERUM ROSEUM

Wuchs Zierliche, aufrecht wachsende Einjährige. ***Blüten*** Weiß oder rosa, mit gelber Mitte; 3–8 cm breite Körbchen, von papierartigen Hullblättern umgeben. Blütezeit Juli–September. ***Blätter*** Schmal lanzettförmig; graugrün.

- HERKUNFT Trockengebiete in SW-Australien.
- KULTUR Für leichte, gut durchlässige, magere Böden und vollsonnige Standorte. Trockenblume.
- VERMEHRUNG Aussaat bei 16 °C im Frühjahr.
- WEITERE NAMEN *Acroclinium roseum, Rhodanthe chlorocephala* ssp. *rosea*.

HÖHE 30–60 cm

BREITE 15 cm

Papaveraceae | KALIFORNISCHER MOHN, SCHLAFMÜTZCHEN

ESCHSCHOLZIA CALIFORNICA 'Gefüllte Ballerina' Mischung

Wuchs Mattenbildende Einjährige. ***Blüten*** Rosa, rot, gelb oder orange; halbgefüllt oder gefüllt, gefältelt, schalenförmig. Blütezeit Juni–Oktober. ***Blätter*** Lanzettförmig, fiederteilig; mittelgrün.

- HERKUNFT Züchtung.
- KULTUR In kargen, gut durchlässigen Böden an vollsonnigen Standorten. Eignet sich als Schnittblume sowie für Sommerblumen- und Mischrabatten.
- VERMEHRUNG Freilandaussaat im Frühjahr. Für eine lange Blüte sät man wiederholt aus.

HÖHE 30 cm

BREITE 15 cm

Cruciferae/Brassicaceae | DOLDIGE SCHLEIFENBLUME

IBERIS UMBELLATA 'Feenmischung'

Wuchs Polsterbildende Einjährige. ***Blüten*** Weiß, rosa, violett oder rosarot; winzig, duftend, kreuzförmig, in flachen Dolden. Blütezeit Juni–August. ***Blätter*** Schmal lanzettförmig; mittelgrün.

- HERKUNFT Züchtung.
- KULTUR Gedeiht in kargen bis mäßig nährstoffreichen, feuchten, jedoch gut durchlässigen Böden in der Sonne. Für Beete, Einfassungen, Rabatten und Blumenkästen.
- VERMEHRUNG Freilandaussaat im Frühjahr oder Herbst. Herbstsämlinge mit Reisig abdecken.

HÖHE 15–30 cm

BREITE 25 cm

Solanaceae | SPALTBLUME, SCHMETTERLINGSBLUME

SCHIZANTHUS PINNATUS 'Hitparade'

Wuchs Aufrechte Einjährige. ***Blüten*** Weiß, rosa, rot, purpurn oder gelb, mit kontrastierender Zeichnung; röhrenförmig, 2lippig. Blütezeit Juli–September. ***Blätter*** Lanzettförmig, fiederteilig; leuchtendgrün.

- HERKUNFT Züchtung.
- KULTUR In nährstoffreichen, feuchten, jedoch gut durchlässigen Böden an geschützten Plätzen in voller Sonne oder unter Glas. Hübsch in Sommerblumenbeeten, Pflanzgefäßen oder als Schnittblume.
- VERMEHRUNG Aussaat bei 16 °C im Frühjahr.

Min. 5 °C

HÖHE 25–30 cm

BREITE 25–30 cm

Compositae/Asteraceae	SOMMERASTER

CALLISTEPHUS CHINENSIS Milady-Serie

Wuchs Buschige Einjährige. ***Blüten*** Weiß, rosarot, rot, scharlachrot oder blau; pomponartig gefüllte Körbchen. Blütezeit Juli–Oktober. ***Blätter*** Eiförmig bis dreieckig, gezähnt; dunkelgrün.

- HERKUNFT Züchtung.
- KULTUR Benötigt geschützte Standorte und nährstoffreiche, feuchte, aber gut durchlässige, neutrale bis basische Böden. Ideale Beetpflanze.
- VERMEHRUNG Durch Aussaat im März oder April bei 16 °C unter Glas oder ab Mitte Mai im Freien.

HÖHE 30 cm

BREITE 25 cm

Compositae/Asteraceae	SOMMERASTER

CALLISTEPHUS CHINENSIS Thousand-Wonders-Serie

Wuchs Buschige, gedrungene Einjährige. ***Blüten*** Weiß, rosa, rot, purpurn oder blau; pomponartig gefüllte Körbchen. Blütezeit Juli–Oktober. ***Blätter*** Eiförmig bis dreieckig; mittelgrün.

- HERKUNFT Züchtung.
- KULTUR Benötigt geschützte Standorte und nährstoffreiche, neutrale bis basische, feuchte, aber gut durchlässige Böden. Ideale Beet- und Kübelpflanze.
- VERMEHRUNG Durch Aussaat im zeitigen Frühjahr bei 16 °C unter Glas oder ab Mitte Mai im Freiland.

HÖHE 20 cm

BREITE 30 cm

Plumbaginaceae	GEFLÜGELTER STRANDFLIEDER

LIMONIUM SINUATUM

Wuchs Aufrechte Staude, einjährig kultiviert. ***Blüten*** Weiß, rosa oder blau; winzig, trichterförmig, bis 1,5 cm lang, in Doldentrauben bildenden Ähren. Juli–September. ***Blätter*** Schmal lanzettförmig, fiederspaltig, in grundständigen Rosetten; dunkelgrün.

- HERKUNFT Mittelmeerküste.
- KULTUR In durchlässigen Sandböden in der Sonne. Schöne Trockenblume; Blüten schneiden, wenn sie fast ganz geöffnet sind.
- VERMEHRUNG Aussaat bei 13–18 °C im zeitigen Frühjahr unter Glas. Mitte Mai auspflanzen.

HÖHE 40 cm

BREITE 30 cm

Apocynaceae	MADAGASKAR-IMMERGRÜN

CATHARANTHUS ROSEUS 'Pink Periwinkle'

Wuchs Immergrüne Staude. ***Blüten*** Rosarot; tellerförmig. Blütezeit März–Oktober. ***Blätter*** Ei- bis spatelförmig, glänzend; mittel- bis dunkelgrün.

- HERKUNFT Züchtung.
- KULTUR In nährstoffreiche, gut durchlässige Böden in der Sonne pflanzen. Auch als Zimmer- oder Gewächshauspflanze geeignet. Beliebte Beetpflanze.
- VERMEHRUNG Durch Aussaat bei 18 °C im zeitigen Frühjahr unter Glas oder Stecklinge im Sommer.
- WEITERER NAME *Vinca rosea* 'Pink Periwinkle'.

Min. 5–7 °C

HÖHE 30–60 cm

BREITE 30–60 cm

Cruciferae/Brassicaceae	GEWÖHNLICHE MEERVIOLE

MALCOLMIA MARITIMA

Wuchs Unten verzweigte Einjährige. ***Blüten*** In roten und purpurnen Farbtönen; kreuzförmig, bis 1 cm breit, stark duftend, in lockeren Trauben. Blütezeit Juni–September. ***Blätter*** Eiförmig, ganzrandig bis gezähnt; mittelgrün.

- HERKUNFT Ödland im Mittelmeerraum.
- KULTUR In mäßig nährstoffreichen, gut durchlässigen Böden in der Sonne. Vor praller Mittagssonne schützen. Gute Füllpflanze für Rabatten.
- VERMEHRUNG Ab Mai wiederholt im Freiland aussäen. Oft Selbstaussaat.

☼ 💧
❄❄❄

HÖHE
20–40 cm

BREITE
10–15 cm

Caryophyllaceae	MORGENRÖSCHEN, GARTENLEIMKRAUT

SILENE ARMERIA 'Electra'

Wuchs Klebrig behaarte Ein- oder Zweijährige. ***Blüten*** Tief karminrot; bis 1,5 cm breit, mit leicht gekerbten Kronblättern, in Trugdolden. Blütezeit Juni–August. ***Blätter*** Spatel- oder lanzettförmig; graugrün.

- HERKUNFT Züchtung.
- KULTUR Wächst in mäßig nährstoffreichen, neutralen bis basischen, gut durchlässigen Böden an sonnigen bis absonnigen Standorten. Für Misch- und Sommerblumenrabatten.
- VERMEHRUNG Freilandaussaat im Frühjahr oder Herbst.

☼ 💧
❄❄❄

HÖHE
30 cm

BREITE
15 cm

Cruciferae/Brassicaceae	ZIERKOHL

BRASSICA OLERACEA

Wuchs Aufrechte Einjährige, mit Pfahlwurzel, als Winterblattschmuck gezogen. ***Blüten*** Unscheinbar. ***Blätter*** Rundlich bis eiförmig, ganzrandig oder gewellt bzw. gekräuselt, in bis 45 cm großen Rosetten, zum Teil mit Kopfbildung; äußere Blätter grau- bis blaugrün, innere weiß, rosa oder rot gefleckt.

- HERKUNFT Züchtung.
- KULTUR Braucht gut durchlässige, basische Böden in der Sonne. Originelle Schmuckpflanze. Intensivste Färbung bei Temperaturen unter 10° C.
- VERMEHRUNG Freilandaussaat im Frühjahr.

☼ 💧
❄❄❄

HÖHE
45 cm

BREITE
45 cm

Labiatae/Lamiaceae	BUNTNESSEL, BLUMENNESSEL, BUNTLIPPE

Coleus-Blumei-Hybriden

Wuchs Immergrüner Halbstrauch, als einjähriger Blattschmuck kultiviert. ***Blüten*** Unscheinbar. ***Blätter*** Eiförmig, gesägt, gekerbt oder ganzrandig; hell- bis dunkelgrün, weiß, rosa, rot, purpurn oder gelb gezeichnet.

- HERKUNFT Züchtung.
- KULTUR In nährstoffreiche, humushaltige Böden an sonnigen bis halbschattigen Standorten pflanzen. Als Zimmer- oder Gewächshauspflanze geeignet.
- VERMEHRUNG Aussaat bei 24 °C im Januar.
- WEITERER NAME *Solenostemon scutellarioides*.

☼ 💧

Min. 4 °C

HÖHE
Bis 60 cm

BREITE
60 cm

Caryophyllaceae	HIMMELSRÖSCHEN

Silene coeli-rosa 'Rosa Engel' 🏆

Wuchs Aufrecht wachsende, zierliche Einjährige. ***Blüten*** Kräftig magentarot; bis 3 cm breit, mit tief gekerbten Kronblättern, einzeln auf gabelig verzweigten Stengeln. Blütezeit Juni–August. ***Blätter*** Schmal lanzettförmig; graugrün.

- HERKUNFT Züchtung.
- KULTUR Durchlässige, neutrale bis leicht basische Böden und sonnige bis absonnige Standorte.
- VERMEHRUNG Aussaat im Frühjahr oder Herbst.
- WEITERE NAMEN *Agrostemma coeli-rosa* 'Rosa Engel', *Lychnis coeli-rosa* 'Rosa Engel'.

☼ ◊ ❄❄❄

HÖHE 30 cm

BREITE 15 cm

Onagraceae	

Clarkia 'Arianna' 🏆

Wuchs Zierliche, aufrecht wachsende Einjährige. ***Blüten*** Tief magenta- bis rosarot; halbgefüllt, mit gelappten, gefransten Kronblättern, in Trauben. Juli–September. ***Blätter*** Lanzettförmig; mittelgrün.

- HERKUNFT Züchtung.
- KULTUR In mäßig nährstoffreichen, feuchten, jedoch gut durchlässigen, schwach sauren Böden in der Sonne oder im Halbschatten. Zum Schnitt und für Sommerbeete geeignet.
- VERMEHRUNG Aussaat ab März unter Glas oder ab April im Freiland.

☼ ◊ ❄❄❄

HÖHE 45 cm

BREITE 30 cm

Portulacaceae	

Calandrinia umbellata 'Amaranth'

Wuchs Kompakte, polsterbildende Staude, einjährig gezogen. ***Blüten*** Kräftig karmin- bis mangentarot; aufwärts gerichtet, becherförmig, in Doldentrauben. Blütezeit Juli–September. ***Blätter*** Schmal lanzettförmig; graugrün.

- HERKUNFT Züchtung.
- KULTUR In stark durchlässigen, leicht sauren, komposthaltigen Böden an vollsonnigen Standorten. Für Einfassungen, Sommerblumenrabatten und Pflanzkübel geeignet. Attraktive Topfpflanze.
- VERMEHRUNG Bei 16–18 °C im März aussäen.

☼ ◊ ❄❄

HÖHE 20 cm

BREITE 15–20 cm

Scrophulariaceae	

CALCEOLARIA (Grandiflora-Gruppe) Monarch-Serie

Wuchs Buschige Ein- oder Zweijährige. ***Blüten*** Rot oder gelb, oft getupft; pantoffelahnlich, aufgeblasen, in dichten doldentraubigen Blütenständen. April–Mai. ***Blätter*** Eiförmig, weich behaart; hellgrün.

- HERKUNFT Züchtung.
- KULTUR Verträgt leichte, mäßig nährstoffreiche, saure Böden und Sonne oder Halbschatten. Für Beete, aber auch als kurzlebige Zimmerpflanze.
- VERMEHRUNG Durch Aussaat bei 18 °C im Frühjahr. Saatgut nicht mit Erde bedecken (Lichtkeimer).

HÖHE 30 cm

BREITE 25 cm

Scrophulariaceae	ELFENSPIEGEL

NEMESIA STRUMOSA Karneval-Serie

Wuchs Buschige, unten verzweigte Einjährige. ***Blüten*** Weiß, rosa, rot, purpurn, gelb, bronzefarben oder orange, Adern purpurn; 2lippig, in endständigen, doldenartigen Trauben. Juni–September. ***Blätter*** Lanzettförmig, leicht behaart; mittelgrün.

- HERKUNFT Züchtung.
- KULTUR In mäßig nährstoffreichen, feuchten, durchlässigen, schwach sauren Böden in der Sonne. Für Beete und Topfkultur. Bei Trockenheit viel gießen.
- VERMEHRUNG Im März oder April bei 15 °C unter Glas aussäen. Ab Mitte Mai auspflanzen.

HÖHE 15–25 cm

BREITE 10–15 cm

Malvaceae	

ABELMOSCHUS MOSCHATUS Pacific-Serie

Wuchs Regelmäßige, buschige Ein- oder Zweijährige. ***Blüten*** Rosa oder scharlachrot, mit weißem Basalfleck; malvenartig. Blütezeit Juli–August. ***Blätter*** Breit eiförmig, gelappt; mittelgrün.

- HERKUNFT Züchtung.
- KULTUR In nährstoffreichen, gut durchlässigen Böden in der Sonne. Für Beete oder Sommerblumenrabatten.
- VERMEHRUNG Freilandaussaat ab Ende Mai oder unter Glas bei 10–13 °C im März.

Min. 5 °C

HÖHE 30–40 cm

BREITE 40 cm

Compositae/Asteraceae	

DAHLIA 'Rigoletto'

Wuchs Buschige, mehrjährige Knollenpflanze, einjährig kultiviert. ***Blüten*** Weiß, rosa, rot, gelb oder orange; gefüllt, bis 7 cm breit. Blütezeit Juni–Oktober. ***Blätter*** Gefiedert, Blättchen eiförmig; mittelgrün.

- HERKUNFT Züchtung.
- KULTUR In nährstoffreiche, feuchte, jedoch gut durchlässige Böden in voller Sonne pflanzen. Zum Schnitt sowie für Beete und Blumenkästen geeignet.
- VERMEHRUNG Durch Aussaat bei 16 °C unter Glas von Februar bis April.

HÖHE 40 cm

BREITE 40 cm

Compositae/Asteraceae	BEETDAHLIE

DAHLIA Coltness-Hybriden

Wuchs Kompakte, buschige, mehrjährige Knollenpflanzen, einjährig kultiviert. ***Blüten*** Leuchtende Farbmischung mit Weiß, Rosa, Purpur, Rot oder Gelb; einfache, 5–7 cm breite Körbchen. Blütezeit Juni–Oktober. ***Blätter*** Gefiedert, Blättchen eiförmig; mittel- bis dunkelgrün.

- HERKUNFT Züchtung.
- KULTUR Gedeiht in nährstoffreichen, feuchten, jedoch gut durchlässigen, mit organischer Materie angereicherten Böden an offenen, sonnigen Standorten. Ein Blickfang in Beeten und Kübeln, aber auch für andere Gruppenpflanzungen, Einfassungen oder als Füllpflanze in Misch- und Staudenrabatten geeignet. Liefert langhaltende Schnittblumen. Für reiche Blüte sollte man im Frühsommer wöchentlich einen Stickstoffdünger und danach vom Hochsommer bis zum Frühherbst einen Kalidünger verabreichen. Buschigen Wuchs erhält man, indem man die Jungpflanzen entspitzt. Verblühtes regelmäßig entfernen, damit der reiche Flor länger anhält.
- VERMEHRUNG Durch Aussaat bei 16 °C unter Glas von Februar bis April.

HÖHE
45 cm

BREITE
45 cm

Tropaeolaceae	

TROPAEOLUM 'Empress of India'

Wuchs Buschige Einjährige. ***Blüten*** Kräftig samtrot; gespornt, halbgefüllt, bis 6 cm breit. Juli–Oktober. ***Blätter*** Nierenförmig, gewellter Rand; tiefgrün.
• HERKUNFT Züchtung.
• KULTUR In feuchten, jedoch gut durchlässigen, kargen bis mäßig nährstoffhaltigen Böden in voller Sonne. Für Sommerblumenrabatten und Balkonkästen. Bei nährstoffreichem Untergrund setzt übermäßiges Blattwachstum auf Kosten der Blüte ein.
• VERMEHRUNG Aussaat unter Glas bei 13–16 °C im April oder Mai oder im Freiland ab Mitte Mai.

HÖHE
30 cm

BREITE
45 cm

Lythraceae	

CUPHEA LLAVEA 'Firefly'

Wuchs Buschiger Halbstrauch, einjährig kultiviert. ***Blüten*** Kirschrot; röhrenförmig, bis 3 cm lang, in endständigen Trauben. Blütezeit Juli–September. ***Blätter*** Ei- bis lanzettförmig; dunkelgrün.
• HERKUNFT Züchtung.
• KULTUR In mäßig nährstoffreiche, gut durchlässige Böden in der Sonne oder im Halbschatten pflanzen.
• VERMEHRUNG Aussaat bei 13–16 °C unter Glas im März oder im Freiland ab Ende Mai.
• WEITERE NAMEN *Cuphea x purpurea* 'Firefly', *C. llavea* var. *miniata* 'Firefly', *C. miniata* 'Firefly'.

HÖHE
30–60 cm

BREITE
25–45 cm

Cruciferae/Brassicaceae	GOLDLACK

CHEIRANTHUS CHEIRI 'Blood Red'

Wuchs Immergrüner Halbstrauch, zweijährig gezogen. ***Blüten*** Rot; mit 4 Kronblättern, bis 3 cm breit, duftend, in endständigen Trauben. Blütezeit April–Juni. ***Blätter*** Lanzettförmig; dunkelgrün.
• HERKUNFT Züchtung.
• KULTUR In kargen bis mäßig nährstoffreichen, gut durchlässigen, neutralen bis basischen Böden in der Sonne. Für Rabatten und Beete.
• VERMEHRUNG Aussaat im Saatbeet von Mai bis Juli.
• WEITERER NAME *Erysimum cheiri* 'Blood Red'.

HÖHE
45 cm

BREITE
45 cm

Linaceae	GROSSBLÜTIGER LEIN, ROTER LEIN

LINUM GRANDIFLORUM 'Rubrum'

Wuchs Schmal aufrechte, unten verzweigte Einjährige. ***Blüten*** Leuchtend karminrot; tellerförmig, bis 4 cm breit, in lockeren Doldenrispen. Blütezeit Juni–September. ***Blätter*** Ei- bis lanzettförmig; graugrün.
• HERKUNFT Züchtung.
• KULTUR Bevorzugt leichte, gut durchlässige, mäßig nährstoffreiche Humusböden und vollsonnige Standorte. Wirkt hübsch in Sommerblumenrabatten und füllt Lücken in Misch- oder Staudenrabatten.
• VERMEHRUNG Durch Freilandaussaat Ende April.

HÖHE
Bis 45 cm

BREITE
15 cm

Amaranthaceae	DREIFARBEN-FUCHSSCHWANZ, GANGES-FUCHSSCHWANZ

AMARANTHUS TRICOLOR 'Illumination'

Wuchs Aufrechte, buschige Einjährige, als Blattschmuckpflanze gezogen. ***Blüten*** Grün oder rot; winzig, Zierwert unbedeutend, in flachen, end- oder achselständigen Scheinähren. Blütezeit Juli–Oktober. ***Blätter*** Lanzett- bis eiförmig, 20 cm lang und mehr; leuchtend rosarot, beim Austrieb goldgelb gefleckt, älteres Laub bronzefarben oder kupferrot.

• HERKUNFT Züchtung.

• KULTUR In feuchten, aber gut durchlässigen, mäßig nährstoffreichen Böden an warmen, sonnigen und geschützten Standorten ziehen. Bei länger anhaltender Trockenheit gut gießen. Unterglaskulturen in Topferde mit oder ohne Lehmanteil setzen und an helle Plätze stellen. Topfpflanzen während des Wachstums reichlich wässern. Der Fuchsschwanz ist eine dekorative Beet- bzw. Gruppenpflanze und füllt Lücken. Er eignet sich aber auch für Kübel auf geschützten Terrassen sowie als Zimmer- oder Gewächshauspflanze.

• VERMEHRUNG Aussaat bei 20 °C ab April.

HÖHE
45 cm

BREITE
30 cm

Amaranthaceae	HAHNENKAMM

CELOSIA CRISTATA 'Jewel Box' Mischung

Wuchs Reich verzweigte Einjährige. ***Blüten*** Rosa, rot, orange oder gelb; hahnenkammähnlich verbändert. Blütezeit Juli–September. ***Blätter*** Ei- bis lanzettförmig; blaßgrün.

- HERKUNFT Züchtung.
- KULTUR Als Gefäßpflanze in Topferde mit Lehmanteil an hellen Standorten ziehen. Während der Blüte für etwas Schatten sorgen. Mäßig gießen und alle zwei Wochen einen ausgewogenen Flüssigdünger verabreichen.
- VERMEHRUNG Aussaat bei 18 °C im März/April.

☼ ◊ ❄

HÖHE
25 cm

BREITE
25 cm

Labiatae/Lamiaceae	BUNTNESSEL, BLUMENNESSEL, BUNTLIPPE

Coleus-Blumei-Hybride 'Brightness'

Wuchs Immergrüner Halbstrauch, einjährig kultiviert. ***Blüten*** Unscheinbar. ***Blätter*** Eiförmig; rostrot.

- HERKUNFT Züchtung.
- KULTUR In nährstoffreiche, feuchte, aber gut durchlässige, humushaltige Böden an sonnigen bis halbschattigen Standorten pflanzen. Auch als Zimmer- oder Gewächshauspflanze geeignet. Blütenansätze herausbrechen.
- VERMEHRUNG Aussaat bei 24 °C im Januar.
- WEITERER NAME *Solenostemon scutellarioides* 'Brightness'.

☼ ◊

Min. 4 °C

HÖHE
45 cm

BREITE
30 cm

Labiatae/Lamiaceae	BUNTNESSEL, BLUMENNESSEL, BUNTLIPPE

Coleus-Blumei-Hybride Wizard-Serie

Wuchs Immergrüner Halbstrauch, einjährig kultiviert. ***Blüten*** Unscheinbar. ***Blätter*** Eiförmig; hellgrün, mit weißer, rosafarbener, purpurner oder gelber Zeichnung.

- HERKUNFT Züchtung.
- KULTUR In nährstoffreiche, feuchte, aber durchlässige, humushaltige Böden an sonnigen bis schattigen Standorten oder unter Glas pflanzen.
- VERMEHRUNG Aussaat bei 24 °C im Januar.
- WEITERER NAME *Solenostemon scutellarioides* Wizard-Serie.

☼ ◊

Min. 4 °C

HÖHE
Bis 20 cm

BREITE
30 cm

Compositae/Asteraceae	LEBERBALSAM, BLAUSTERNCHEN

Ageratum houstonianum 'Bavaria'

Wuchs Kompakter, polsterbildender Halbstrauch, einjährig gezogen. ***Blüten*** Weiß und lavendelblau; winzig, feinblättrig, in rundlichen, 5–10 cm breiten Körbchen. Blütezeit Juli–Oktober. ***Blätter*** Eiförmig, flaumig behaart; mittelgrün.

- HERKUNFT Züchtung.
- KULTUR In feuchten, durchlässigen, nährstoffreichen Böden an sonnigen, geschützten Standorten. Für Beete, Einfassungen und Gefäße. Welke Blüten entfernen, damit ein zweiter Flor entsteht.
- VERMEHRUNG Aussaat bei 16–18 °C im März.

HÖHE 25 cm

BREITE 25 cm

Plumbaginaceae	

Psylliostachys suworowii

Wuchs Rosettenbildende Einjährige. ***Blüten*** Blaßlila; winzig, in zylindrischen, verzweigten, teils mehr als 20 cm langen Ähren. Blütezeit Juli–September. ***Blätter*** Lanzettförmig; hellgrün.

- HERKUNFT Sandige Böden in Zentralasien.
- KULTUR In leichten, feuchten, aber gut durchlässigen Böden an warmen, sonnigen, geschützen Standorten. Schöne Schnitt- und Trockenblume.
- VERMEHRUNG Aussaat bei 21 °C im Frühjahr.
- WEITERE NAMEN *Limonium suworowii*, *Statice suworowii*.

HÖHE 30–45 cm

BREITE 30 cm

Scrophulariaceae	MAROKKO-LEINKRAUT, FRAUENFLACHS

Linaria maroccana 'Fairy Lights'

Wuchs Schlanke, aufrecht wachsende Einjährige. ***Blüten*** Rosa, rot, purpurn oder gelb, mit weißem Schlund; winzig, 2lippig, 2 cm lang, in schlanken Trauben. Juni–Juli. ***Blätter*** Linealisch; hellgrün.

- HERKUNFT Züchtung.
- KULTUR In leichten, mäßig nährstoffreichen, gut durchlässigen, vorzugsweise sandigen Böden in voller Sonne. Für Sommerblumenrabatten, sonnige Trockenhänge und Kiespflanzungen.
- VERMEHRUNG Freilandaussaat im zeitigen Frühjahr. Sät sich selbst aus.

HÖHE 20 cm

BREITE 15 cm

Compositae/Asteraceae	LEBERBALSAM, BLAUSTERNCHEN

Ageratum houstonianum 'Adriatic'

Wuchs Kompakter, buschiger Halbstrauch, einjährig gezogen. ***Blüten*** Blauviolett; winzig, feinblättrig, in rundlichen, 5–10 cm breiten Körbchen. Juli–Oktober. ***Blätter*** Eiförmig, flaumig behaart; mittelgrün.

- HERKUNFT Züchtung.
- KULTUR Gedeiht in feuchten, jedoch gut durchlässigen, nährstoffreichen Böden an sonnigen, geschützten Standorten. Für Beete, Einfassungen und Pflanzgefäße. Züchtung aus der Pacific-Serie.
- VERMEHRUNG Aussaat bei 16–18 °C im März unter Glas. Nach den Eisheiligen auspflanzen.

HÖHE 15–20 cm

BREITE 15–20 cm

SPRINGKRAUT

Das Fleißige Lieschen ist der bekannteste Vertreter der als Springkraut oder Balsamine bezeichneten Gattung *Impatiens*, die 850 Arten kälteempfindlicher bis vollständig winterharter Einjähriger, immergrüner Stauden und Halbsträucher umfaßt.

In Kultur sind hauptsächlich die frostempfindlichen Sorten der Gartenbalsamine *(I. balsamina)* und des immergrünen Fleißigen Lieschens *(I. walleriana)*. Letzteres wächst zwar in seiner tropischen Heimat ausdauernd, in Mitteleuropa aber kultiviert man es nur einjährig, da es den Winter nicht überstehen würde und außerdem im ersten Jahr am willigsten blüht. Später werden die Pflanzen unansehnlich.

Das Springkraut schmückt sich den ganzen Sommer über mit einer Fülle von kleinen, gespornten, fünfblättrigen Blüten, die in Rosa-, Rot-, Purpur-, Violett- und Orangetönen sowie Weiß erhältlich sind. Viele Sorten stellen überdies attraktiv gefärbtes Laub zur Schau.

In Beeten, Kübeln, Ampeln und Blumenkästen lassen sich mit Springkraut farbenfrohe Akzente setzen, und auch als Zimmer- oder Gewächshauspflanzen sind die unermüdlichen Dauerblüher beliebt. Man pflanzt sie an windstille, halbschattige Plätze in feuchte, gut durchlässige, nährstoffreiche Böden mit viel organischer Materie. Sie vertragen zwar etwas Sonne, müssen jedoch vor praller Mittagssonne geschützt werden. Für Unterglaskulturen verwendet man Topferde mit oder ohne Lehmanteil und sorgt für helles, gefiltertes Licht. Gießen Sie mäßig, und geben Sie im Frühjahr und Sommer alle 2 bis 4 Wochen einen ausgewogenen Flüssigdünger. Im Winter wässert man sehr spärlich und düngt überhaupt nicht.

Springkraut zieht man im zeitigen Frühjahr unter Glas bei 16–18 °C aus Samen heran. Nach dem Abhärten kommen die Sämlinge ab Mitte Mai ins Freie. Manche Sorten des Fleißigen Lieschens sowie die in den 80er Jahren gezüchteten Neu-Guinea-Hybriden können im Frühjahr durch Stecklinge vermehrt werden.

Die Sämlinge leiden oft unter Wurzelhalsfäule, während die Blütenknospen unter feuchten Bedingungen von Grauschimmel *(Botrytis)* befallen werden.

I. BALSAMINA

Wuchs Wenig verzweigte, behaarte Staude.
Blüten Weiß, rosa, rot oder purpurn; becherförmig, gespornt, einzeln oder zu 2–3 am Stengel entlang. Blütezeit Juni–September.
Blätter Schmal ei- bis lanzettförmig, scharf gezähnt; blaßgrün.

- HÖHE 75 cm.
- BREITE 45 cm.

I. balsamina
Gartenbalsamine

Min. 5 °C

I. 'Deco Pink'

Wuchs Am Grund verholzende Staude, einjährig kultiviert.
Blüten Sattrosa, mit dunklem Auge; gespornt, 5 Kronblätter, einzeln oder zu mehreren. Blütezeit Juni–September.
Blätter Ei- bis lanzettförmig, leicht gezähnt; bronzegrün.

- HÖHE 20 cm.
- BREITE 20 cm.

***I.* 'Deco Pink'**
(Deco-Serie)
Fleißiges Lieschen

Min. 10 °C

I. Super-Elfin-Serie

Wuchs Kompakte, kleine, am Grund verholzende Stauden, einjährig gezogen. ***Blüten*** Weiß, rosa, rot, violett oder orange, auch in Pastelltönen und gerandet; groß, flach. Blütezeit Juni–September.
Blätter Ei- bis lanzettförmig, gezähnt; mittelgrün.

- HÖHE 25 cm.
- BREITE 25 cm.

***I.* Super-Elfin-Serie**
Fleißiges Lieschen

Min. 10 °C

I. Neu-Guinea-Hybriden

Wuchs Am Grund verholzende, reichblühende Stauden, einjährig gezogen. ***Blüten*** Weiß, rosa, scharlachrot, lila, lachsrot, orange, teilweise 2farbig. Blütezeit Juni–September. ***Blätter*** Lanzettförmig, meist mehrfarbig; mittelgrün.

- HÖHE 35 cm.
- BREITE 30 cm.

***I.* Neu-Guinea-Hybriden**

Min. 10 °C

I. Rosetta-Serie

Wuchs Am Grund verholzende, reichblühende Stauden, einjährig gezogen. ***Blüten*** Weiß, rosa, rot oder orange; flach, halbgefüllt oder gefüllt. Blütezeit Juni–Oktober. ***Blätter*** Ei- bis lanzettförmig, gezähnt; mittelgrün.
- HÖHE 30 cm.
- BREITE 30 cm.

***I.* Rosetta-Serie**
Fleißiges Lieschen

Min. 10 °C

I. 'Lipstick'

Wuchs Kompakte, niedrige, am Grund verholzende Staude, einjährig gezogen. ***Blüten*** Rosenrot; flach, einzeln oder zu mehreren. Blütezeit Juni–September. ***Blätter*** Ei- bis lanzettförmig, gezähnt; frischgrün.
- HÖHE 20 cm.
- BREITE 20 cm.

***I.* 'Lipstick'**
(Super-Elfin-Serie)
Fleißiges Lieschen

Min. 10 °C

I. Confection-Serie

Wuchs Am Grund verholzende Stauden, einjährig gezogen. ***Blüten*** Rosa, rot oder orange; flach, halbgefüllt oder gefüllt. Blütezeit Juni–Oktober. ***Blätter*** Ei- bis lanzettförmig, gezähnt; tiefgrün.
- HÖHE 25–30 cm.
- BREITE 25–30 cm.

***I.* Confection-Serie**
Fleißiges Lieschen

Min. 10 °C

I. 'Red Star'

Wuchs Am Grund verholzende Staude, einjährig gezogen. ***Blüten*** Leuchtendrot, in der Mitte weiß gesternt; klein, flach, einzeln oder zu mehreren. Blütezeit Mai–Oktober. ***Blätter*** Ei- bis lanzettförmig, gezähnt; frischgrün.
- HÖHE 15 cm.
- BREITE 15 cm.

***I.* 'Red Star'**
(Novette-Serie)
Fleißiges Lieschen

Min. 10 °C

I. Novette-Serie

Wuchs Am Grund verholzende, reichblühende Stauden, einjährig gezogen. ***Blüten*** Lachsrot, rot oder orange, teilweise 2farbig oder mit gesternter Mitte; flach. Blütezeit Mai–Oktober. ***Blätter*** Ei- bis lanzettförmig, gezähnt; frischgrün.
- HÖHE 15 cm.
- BREITE 15 cm.

***I.* Novette-Serie**
Fleißiges Lieschen

Min. 10 °C

I. 'Tempo Lavender'

Wuchs Kompakte, niedrige, am Grund verholzende Staude, einjährig gezogen. ***Blüten*** Rosa, rot, lilablau, violett oder orange, auch 2farbig und gerandet; flach, einzeln oder zu mehreren. Blütezeit Juni–September. ***Blätter*** Ei- bis lanzettförmig, gezähnt; mittelgrün.
- HÖHE 25 cm.
- BREITE 25 cm.

***I.* 'Tempo Lavender'**
(Tempo-Serie)
Fleißiges Lieschen

Min. 10 °C

I. BALSAMINA 'Blackberry Ice'

Wuchs Spärlich verzweigte, vielblütige Einjährige. ***Blüten*** Purpurn, weiß gefleckt; becherförmig, gespornt, gefüllt. Blütezeit Juni–September. ***Blätter*** Ei- bis schmal lanzettförmig, scharf gezähnt; blaßgrün.
- HÖHE 70 cm.
- BREITE 45 cm.

I. balsamina
'Blackberry Ice'
Gartenbalsamine

Min. 5 °C

I. BALSAMINA Tom-Thumb-Serie

Wuchs Niedrige, leicht behaarte, reichblühende Einjährige. ***Blüten*** Weiß, rosa, scharlachrot oder violett; groß, gefüllt, kamelienartig. Blütezeit Juni–September. ***Blätter*** Ei- bis schmal lanzettförmig, scharf gezähnt; blaßgrün.
- HÖHE 30 cm.
- BREITE 30 cm.

I. balsamina
Tom-Thumb-Serie
Gartenbalsamine

Min. 5 °C

ZIERTABAK

Zur Gattung der Tabakpflanzen *(Nicotiana)* gehören 67 Arten Ein- und Zweijähriger, Stauden, Halbsträucher und Sträucher. Ihre schmal lanzett- bis breit eiförmigen, oft drüsig-klebrig behaarten Blätter stehen vorwiegend in grundständigen Rosetten. Im Sommer und Herbst zeigen sich Rispen oder Trauben aus röhren-, trichter- oder tellerförmigen Blüten. Sie verströmen einen betörenden Duft und sind häufig nur am frühen Abend oder nachts geöffnet. Manche Züchtungen allerdings blühen im Halbschatten auch tagsüber. Und die flachen, aufwärts gerichteten Blüten des Gartenziertabaks *(N. x sanderae)* öffnen sich sogar bei praller Sonne.

Ziertabak blüht am üppigsten im ersten Jahr nach der Aussaat und wird deshalb am besten einjährig gezogen. In Gegenden, wo die Temperaturen nur selten unter 5 °C fallen, können die kurzlebigen Stauden unter einer dicken Mulchschicht auch den Winter überdauern.

Die hier beschriebenen Pflanzen sind besonders blühfreudig und vertragen sowohl heißes als auch kaltes Wetter. Bei Berührung mit dem Laub kann es zu Hautreizungen kommen.

Mit Ziertabak lassen sich Sommerblumen-, Misch- und Staudenrabatten hübsch gestalten. Kompaktere Sorten kommen auch in Kübeln gut zur Geltung, während insbesondere grünblühende Sorten gern in Blumenarrangements verwendet werden.

Ziertabak bevorzugt gut durchlässige, nährstoffreiche Böden und vollsonnige bis halbschattige Lagen. An ungeschützten Standorten sind hohe Exemplare für eine Stütze dankbar.

Ausgesät wird bei 18 °C ab März in Anzuchterde unter Glas, wobei die Samen nicht mit Erde bedeckt werden, da Tabakgewächse Lichtkeimer sind. Nach dem Aufgehen der Samen senkt man die Temperatur auf 16 °C ab. Einige Wochen später werden die Sämlinge pikiert und bei 14–16 °C weiterkultiviert. Zum Schluß härtet man sie ab und setzt sie nach den Eisheiligen ins Freiland.

Blattläuse, Mehltau und Grauschimmel werden mit biologischen Bekämpfungsmaßnahmen oder Insektiziden in Schach gehalten.

N. x SANDERAE Domino-Serie

Wuchs Kompakte, aufrechte, klebrig behaarte Einjährige. ***Blüten*** Weiß, rot, karminrot, purpurn oder lindgrün, teilweise mit weißem Auge; tellerförmig. Blütezeit Juli–September. ***Blätter*** Spatel- bis schmal eiförmig; mittelgrün.
- HÖHE 30–45 cm.
- BREITE 30–40 cm.

N. x sanderae Domino-Serie Gartenziertabak

N. x SANDERAE 'Salmon Pink'

Wuchs Kompakte, aufrechte, klebrig behaarte Einjährige. ***Blüten*** Lachsrosa; tellerförmig, aufwärts gerichtet, bis 8 cm lang. Blütezeit Juli–September. ***Blätter*** Ei- bis spatelförmig; mittelgrün.
- HÖHE 30–45 cm.
- BREITE 30–40 cm.

N. x sanderae 'Salmon Pink' (Domino-Serie) Gartenziertabak

N. x SANDERAE 'Havana Apple Blossom'

Wuchs Kompakte, aufrechte, klebrig behaarte Einjährige. ***Blüten*** Weiß, rosarot getönt, Unterseite rosa; tellerförmig, in lockeren Rispen. Blütezeit Juli–September. ***Blätter*** Spatel- bis schmal eiförmig; mittelgrün.
- HÖHE 35 cm.
- BREITE 30–40 cm.

N. x sanderae 'Havana Apple Blossom' (Havana-Serie) Gartenziertabak

N. x SANDERAE
Nicky-Serie
Wuchs Klebrig behaarte, aufrechte, vielblütige Einjährige. ***Blüten*** Weiß, rosa, rot oder purpurn, als Farbmischung oder in Einzelfarben erhältlich; tellerförmig, duftend. Blütezeit Juli–September. ***Blätter*** Spatel- bis schmal eiförmig; mittelgrün.
- HÖHE 40 cm.
- BREITE 30–40 cm.

N. x sanderae
Nicky-Serie
Gartenziertabak

N. x SANDERAE
Sensation-Serie
Wuchs Klebrig behaarte, aufrechte, vielblütige Einjährige. ***Blüten*** Weiß, grünlichweiß, rosa, rot, karminrot oder purpurn; tellerförmig, duftend. Blütezeit Juli–September. ***Blätter*** Spatel- bis schmal eiförmig; mittelgrün.
- HÖHE 60–90 cm.
- BREITE 30 cm.

N. x sanderae
Sensation-Serie
Gartenziertabak

N. LANGSDORFFII
Wuchs Verzweigte, reichblühende, klebrig behaarte Einjährige. ***Blüten*** Apfelgrün; röhrenförmig, 5 cm lang, mit trichterförmigem, 5lappigem Schlund, in nickenden Trauben. Blütezeit Juli–August. ***Blätter*** Groß, eiförmig, in grundständigen Rosetten; mittelgrün.
- HÖHE Bis 1,5 m.
- BREITE Bis 35 cm.

N. langsdorffii

N. ALATA
'Lime Green'
Wuchs Aufrechte, reichblühende, klebrig behaarte Einjährige. ***Blüten*** Leuchtend lindgrün; tellerförmig, Kronröhre bis 12 cm lang, zahlreich, in lockeren Trauben, nachts duftend. Blütezeit Juli–September. ***Blätter*** Spatelförmig; mittelgrün.
- HÖHE 60 cm.
- BREITE 25 cm.

N. alata 'Lime Green'
Geflügelter Tabak

MOHN

Von den 70 ein-, zwei- und mehrjährigen Arten der Gattung *Papaver* gehören die hier beschriebenen zu den anspruchslosesten und wirkungsvollsten. Ihre farbenprächtigen, schalen- oder tellerförmigen Blüten zeigen sich oft den ganzen Sommer hindurch. Ihnen folgen vor allem bei den Sorten des Schlafmohns *(P. somniferum)* dekorative Samenkapseln, die sich hervorragend für Trockenblumengestecke eignen. Beläßt man die Fruchtstände an den Pflanzen, kommt es unter günstigen Bedingungen häufig zur Selbstaussaat.

Die meisten Mohnarten eignen sich für naturnah gestaltete Pflanzungen wie Bauerngärten sowie zwanglos angelegte Sommerblumen- und Mischrabatten. Ideale Schnittblumen liefern die Blüten des zweijährig kultivierten Islandmohns *(P. nudicaule)*.

Die wuchskräftigen, großblütigen Sorten des Schlafmohns passen besonders gut zu Stauden und sind ideale Füllpflanzen für Rabatten. Beim Umgang mit ihnen ist jedoch Vorsicht geboten, da sämtliche Teile der Pflanze bei Verzehr gesundheitsschädlich sind.

Mohn gedeiht in allen kargen bis mäßig nährstoffreichen, gut durchlässigen Böden an vollsonnigen Standorten. Er ist recht standfest, auch hochwüchsige Exemplare müssen nur selten abgestützt werden. Um Selbstaussaat zu vermeiden, entfernt man welke Blüten. Die Blumen des Islandmohns schneidet man, sobald sich die Knospen färben, und taucht die Stiele kurz in kochendes Wasser, bevor man sie in die Vase stellt.

Zur Vermehrung wird ab Ende März bis April oder im Juli und sogar noch Anfang Oktober breitwürfig im Freiland ausgesät. Die Herbstsaat braucht allerdings Schutz vor starkem Frost. Den Islandmohn als Zweijahrespflanze sät man im Juli in Gefäßen oder im kalten Kasten. Sobald die Sämlinge heranreifen, werden sie vereinzelt und vor starken Frösten geschützt überwintert. Für eine Herbstblüte sät man Islandmohn im März oder April direkt ins Freiland.

Mohnblumen werden gern von Blattläusen, pilzlichen Welkekrankheiten und bei feuchtem Wetter von Mehltau befallen.

P. RHOEAS
Shirley-Serie (gefüllt)
Wuchs Aufrechte, spärlich behaarte Einjährige. ***Blüten*** Weiß, rosa, rot, karminrot, gelb oder lachsrosa, in verschiedenen Tönungen, teilweise 2farbig; schalenförmig, gefüllt. Blütezeit Mai–Juli. ***Blätter*** Fiederteilig, steif behaart; hellgrün.
- HÖHE 60 cm.
- BREITE 30 cm.

P. rhoeas **Shirley-Serie (gefüllt)** Klatschmohn, Seidenmohn

P. RHOEAS
'Mother of Pearl'
Wuchs Verzweigte, spärlich behaarte Einjährige. ***Blüten*** Zartrosa, pfirsichrosa, taubengrau oder lilablau, teilweise mit Sprenkeln oder Ringen; schalenförmig. Blütezeit Mai–Juli. ***Blätter*** Fiederteilig, steif behaart; hellgrün.
- WEITERER NAME *P. rhoeas* 'Fairy Wings'.
- HÖHE 35 cm.
- BREITE 25 cm.

P. rhoeas **'Mother of Pearl'** Klatschmohn, Seidenmohn

P. RHOEAS Shirley-Serie (einfach)
Wuchs Aufrechte, spärlich behaarte Einjährige. ***Blüten*** Weiß sowie rosa, rote, karminrote oder lachsrote Farbtöne, auch 2farbig; einfach, schalenförmig, einzeln. Blütezeit Mai–Juli. ***Blätter*** Fiederteilig und borstig behaart; hellgrün.
- HÖHE 60 cm.
- BREITE 30 cm.

P. rhoeas **Shirley-Serie (einfach)** Klatschmohn, Seidenmohn

P. SOMNIFERUM 'Hen and Chickens'
Wuchs Straff aufrechte Einjährige. ***Blüten*** Weiß, rosa, rot oder purpurviolett, dunkel gesprenkelt; schalenförmig. Blütezeit Juni–August. ***Blätter*** Schmal, tiefgelappt; blaugrün.
- HINWEIS Vorwiegend wegen der Samenkapseln kultiviert.
- HÖHE 60–100 cm.
- BREITE 30–45 cm.

P. somniferum
'Hen and Chickens'
Schlafmohn

P. COMMUTATUM 'Ladybird'
Wuchs Aufrechte, verzweigte Einjährige. ***Blüten*** Glänzend karminrot, mit schwarzem, seidigem Grundfleck; einfach, schalenförmig, 8 cm breit, einzeln. Juni–Juli. ***Blätter*** Fiederteilig, lanzettförmige Abschnitte, behaart; mittelgrün.
- HÖHE 45 cm.
- BREITE 15 cm.

P. commutatum
'Ladybird'

P. NUDICAULE 'Champagne Bubbles'
Wuchs Büschelige Staude, zweijährig gezogen. ***Blüten*** Rosa, rot, apricot oder gelb; schalenförmig. Juni–September. ***Blätter*** Fiederteilig und behaart; blaugrün.
- WEITERER NAME *P. croceum* 'Champagne Bubbles'.
- HÖHE 45 cm.
- BREITE 15 cm.

P. nudicaule
'Champagne Bubbles'
Islandmohn

P. NUDICAULE 'Summer Breeze'
Wuchs Straff aufrechte, büschelbildende, behaarte Staude. ***Blüten*** Weiß, gelb, goldgelb oder orange; schalenförmig. Blütezeit Juni–September. ***Blätter*** Lanzett- bis eiförmig, behaart; blaugrün.
- WEITERER NAME *P. croceum* 'Summer Breeze'.
- HÖHE 30–35 cm.
- BREITE Bis 15 cm.

P. nudicaule
'Summer Breeze'
Islandmohn

Solanaceae	SPALTBLUME, SCHMETTERLINGSBLUME

SCHIZANTHUS PINNATUS

Wuchs Aufrechte, buschige, relativ schnellwachsende Einjährige. ***Blüten*** In Weiß, Rosa, Rot, Purpur oder Gelb erhältlich, violett oder in kontrastierenden Farben gezeichnet, Schlund gelb; röhrenförmig, 2lippig, Kronsaum tief eingeschnitten, bis 8 cm breit, endständig. Blütezeit Juli–September. ***Blätter*** Lanzettförmig, fiederteilig, farnartig; leuchtendgrün.

- HERKUNFT Trockene Felshänge und Schluchten in Chile.
- KULTUR Benötigt nährstoffreiche, feuchte, jedoch gut durchlässige Böden und geschützte Lagen in der Sonne. Sollte jedoch vor praller Mittagssonne geschützt werden. Mäßig gießen und alle zwei Wochen einen konzentrierten Kaliumdünger verabreichen. Kann auch als Zimmer- oder Gewächshauspflanze gezogen werden. Unter Glas in lehmhaltige Topferde setzen. Eine Bereicherung für Beete und Sommerblumenrabatten und ein hübscher Blickfang in Pflanzgefäßen in Innenhöfen oder auf Terrassen. Vorzügliche Schnittblume.
- VERMEHRUNG Aussaat bei 16 °C im Frühjahr unter Glas.

Min. 5 °C

HÖHE
20–50 cm

BREITE
25–30 cm

Compositae/Asteraceae	KURZSCHOPF

BRACHYCOME IBERIDIFOLIA 'Purple Splendour'

Wuchs Breitwüchsige Einjährige. ***Blüten*** Purpurn, Mitte dunkler; 4 cm breite Körbchen. Juni–September. ***Blätter*** Gefiedert, flaumig behaart; graugrün.

- HERKUNFT Züchtung.
- KULTUR Braucht nährstoffreiche, gut durchlässige Böden und warme, sonnige, geschützte Standorte. Eignet sich für Beete, Einfassungen, Pflanzgefäße und Trockenhänge.
- VERMEHRUNG Aussaat bei 18 °C unter Glas in Anzuchterde im März.

HÖHE 30 cm

BREITE 30 cm

Gentianaceae	BLAUES LIESCHEN

EXACUM AFFINE

Wuchs Buschige Einjährige oder kurzlebige, immergrüne Staude. ***Blüten*** Weiß, rosa oder lilablau, mit gelben Staubblättern; tellerförmig, duftend. Juli–September. ***Blätter*** Eiförmig, glänzend; mittelgrün.

- HERKUNFT Flußufer im Jemen.
- KULTUR Als kurzlebige Zimmer- oder Gewächshauspflanze in lehmhaltiger Topferde ziehen. Braucht viel Licht und während des Wachstums reichlich Wasser.
- VERMEHRUNG Aussaat bei 18 °C im zeitigen Frühjahr unter Glas (Lichtkeimer).

Min. 7–10 °C

HÖHE 25–30 cm

BREITE 25–30 cm

Scrophulariaceae	

COLLINSIA GRANDIFLORA

Wuchs Buschige Einjährige mit dünnen Stengeln. ***Blüten*** Oberlippe blaß rosaviolett, Unterlippe tief blauviolett; ungleich 2lippig, zu mehreren in den Blattachseln. Blütezeit Juni–August. ***Blätter*** Ei- bis schmal lanzettförmig; mittelgrün.

- HERKUNFT Westliches Nordamerika.
- KULTUR In feuchten, gut durchlässigen, komposthaltigen Böden an vollsonnigen Standorten. Für Rabatten und Wildblumengärten.
- VERMEHRUNG Durch Freilandaussaat im März. Blüht bei Herbstaussaat bereits im April.

HÖHE 15–30 cm

BREITE 20–30 cm

Campanulaceae	MARIENGLOCKENBLUME

CAMPANULA MEDIUM 'Bells of Holland'

Wuchs Rosettenbildende Zweijährige. ***Blüten*** Weiß, rosa oder blau; glockenförmig, bis 4 cm lang, in Trauben. Blütezeit Juni–Juli. ***Blätter*** Ei- bis lanzettförmig; mittelgrün.

- HERKUNFT Züchtung.
- KULTUR Benötigt nährstoffreiche, neutrale bis basische, feuchte, durchlässige Böden und sonnige bis halbschattige Standorte. Für Misch- und Sommerblumenrabatten sowie zum Schnitt. Winterschutz.
- VERMEHRUNG Im Frühjahr durch Aussaat in Gefäßen im kalten Kasten.

Min. -15 °C

HÖHE 40–45 cm

BREITE 30 cm

Plumbaginaceae	GEFLÜGELTER STRANDFLIEDER

LIMONIUM SINUATUM Petit-Bouquet-Serie

Wuchs Gedrungene, reichblühende Stauden, einjährig kultiviert. ***Blüten*** Purpurrosa; winzig, trichterförmig, in Doldentrauben bildenden Ährchen. Blütezeit Juli–September. ***Blätter*** Schmal lanzettförmig; mittelgrün.
• HERKUNFT Züchtung.
• KULTUR Bevorzugt leichte, gut durchlässige Böden und volle Sonne. Schnitt- und Trockenblume.
• VERMEHRUNG Aussaat bei 13–18 °C im zeitigen Frühjahr unter Glas. Mitte Mai auspflanzen.

HÖHE
30 cm

BREITE
25 cm

Labiatae/Lamiaceae	TÜRKISCHER DRACHENKOPF, TÜRKISCHE MELISSE

DRACOCEPHALUM MOLDAVICA

Wuchs Buschige, aufrechte, aromatisch duftende Einjährige. ***Blüten*** Blauviolett; röhrenförmig, 2lippig, drachenkopfähnlich, bis 3 cm lang, in Scheinähren aus Quirlen. Blütezeit Juli–August. ***Blätter*** Schmal lanzettförmig, eiförmig oder dreieckig; graugrün.
• HERKUNFT Europa, Zentralasien, Sibirien, China.
• KULTUR In mäßig nährstoffreichen, gut durchlässigen Böden in der Sonne oder im Halbschatten. Gute Füllpflanze für Misch- oder Staudenrabatten.
• VERMEHRUNG Freilandaussaat im April.
• WEITERER NAME *D. moldavicum.*

HÖHE
30–60 cm

BREITE
30 cm

Boraginacae	GEMEINER NATTERNKOPF, BLAUER NATTERNKOPF

ECHIUM VULGARE 'Dwarf Hybrids' Mischung

Wuchs Aufrechte, buschige Zweijährige. ***Blüten*** Weiß, rosa, purpurn oder blauviolett; breit trichterförmig, herausragende Staubblätter, in kurzen, dichten Scheinähren. Blütezeit Juni–September. ***Blätter*** Schmal lanzettförmig, behaart; mittelgrün.
• HERKUNFT Züchtung.
• KULTUR Für Misch- oder Wildblumenrabatten und Beete. In durchlässige, mäßig nährstoffreiche, humushaltige Böden in der Sonne pflanzen.
• VERMEHRUNG Aussaat bei 13–16 °C März/April.

HÖHE
30–45 cm

BREITE
30 cm

Solanaceae	

NIEREMBERGIA HIPPOMANICA 'Königsmantel'

Wuchs Aufrechte Staude, einjährig kultiviert. ***Blüten*** Kräftig blauviolett; becherförmig, 2 cm breit. Blütezeit Juni–September. ***Blätter*** Linealisch, zugespitzt; leuchtendgrün.

- HERKUNFT Züchtung.
- KULTUR Für Beete. In leichten, feuchten, gut durchlässigen Böden an geschützten Standorten.
- VERMEHRUNG Durch Aussaat bei 15 °C unter Glas im Frühjahr oder Kopfstecklinge im Spätsommer.
- WEITERER NAME *N. caerulea* 'Königsmantel'.

☼ ◊ ❄

HÖHE 20 cm

BREITE 20 cm

Compositae/Asteraceae	GARTENCINERARIE, ASCHENBLÜMCHEN, LÄUSEBLÜMCHEN

Senecio-Cruentus-Hybride 'Spring Glory' Mischung

Wuchs Buschige Staude, zweijährig gezogen. ***Blüten*** Rosa, karminrot, blau oder kupferrot; Körbchenblüten, in 8 cm großen Doldentrauben. Blütezeit Februar–April. ***Blätter*** Herzförmig; mittelgrün.

- HERKUNFT Züchtung.
- KULTUR Als Zimmer- oder Gewächshauspflanze in lehmhaltiger Topferde an hellen Standorten.
- VERMEHRUNG Durch Aussaat bei 13–18 °C ab Juli.
- WEITERE NAMEN *S. x hybridus* 'Spring Glory', *Cineraria hybrida* 'Spring Glory'.

☼ ◊

Min. 7 °C

HÖHE 20 cm

BREITE 25 cm

Cruciferae/Brassicaceae	

ORYCHOPHRAGMUS VIOLACEUS

Wuchs Aufrechte Ein- oder Zweijährige. ***Blüten*** Violett; kreuzförmig, bis 3 cm breit, endständig gehäuft. Blütezeit Juli–August. ***Blätter*** Grundständige Blätter gefiedert, obere ungeteilt und stengelumfassend; blaßgrün.

- HERKUNFT Brach- und Ödland in China.
- KULTUR In nährstoffreichen, gut durchlässigen Böden an warmen, sonnigen, geschützten Plätzen. Für Beete und Topfkultur.
- VERMEHRUNG Freilandaussaat im späten Frühjahr oder Frühsommer.

☼ ◊ ❄

HÖHE 30–60 cm

BREITE 30 cm

Convolvulaceae	TEPPICHWINDE, DREIFARBIGE WINDE, SOMMERWINDE

CONVOLVULUS TRICOLOR 'Blue Flash'

Wuchs Niederliegend bis aufrecht wachsende Einjährige. ***Blüten*** Leuchtendblau, mit weißem, zur Mitte hin gelbem Schlund; offen trichterförmig, 4 cm breit. Blütezeit Juni–September. ***Blätter*** Ei- bis lanzettförmig; dunkelgrün.

- HERKUNFT Züchtung.
- KULTUR Bevorzugt karge, gut durchlässige Böden und sonnige, geschützte Lagen. Für Trockenhänge oder den Vordergrund von Rabatten.
- VERMEHRUNG Freilandaussaat im April oder Mai.
- WEITERER NAME *C. minor* 'Blue Flash'.

☼ ◊ ❄❄❄

HÖHE 20–30 cm

BREITE 20 cm

Scrophulariaceae

Torenia fournieri Clown-Serie

Wuchs Kompakte Einjährige. ***Blüten*** Weiß, rosa, tief purpurrot oder lilablau, mit gelbem Schlund; röhrenförmig, 2lippig, löwenmaulähnlich. Blütezeit Juli–September. ***Blätter*** Eiförmig, spitz zulaufend; blaßgrün.

- HERKUNFT Züchtung.
- KULTUR In nährstoffreichen, feuchten, jedoch gut durchlässigen Böden im Halbschatten. Für Beete oder Zimmer- bzw. Gewächshauskultur.
- VERMEHRUNG Aussaat bei 18 °C im Frühjahr.

Min. 5 °C

HÖHE 20–25 cm

BREITE 15–25 cm

Scrophulariaceae

Torenia fournieri

Wuchs Aufrecht wachsende Einjährige. ***Blüten*** Lilablau, mit dunkelvioletter Unterlippe und gelbem Schlund; röhrenförmig, 2lippig, löwenmaulähnlich. Blütezeit Juli–September. ***Blätter*** Eiförmig, gesägt; blaßgrün.

- HERKUNFT Waldgebiete im tropischen Asien und Afrika.
- KULTUR In nährstoffreichen, feuchten, jedoch gut durchlässigen Böden im Halbschatten. Auch als Zimmer- bzw. Gewächshauspflanze geeignet.
- VERMEHRUNG Aussaat bei 18 °C im Frühjahr.

Min. 5 °C

HÖHE 30 cm

BREITE 15–25 cm

Boraginaceae | VANILLEBLUME, SONNENWENDE

Heliotropium arborescens 'Marine'

Wuchs Kompakter, kurzlebiger Halbstrauch, einjährig kultiviert. ***Blüten*** Tief blauviolett; duftend, röhrenförmig, in dichten, bis 15 cm breiten Dolden. Blütezeit Mai–September. ***Blätter*** Ei- bis lanzettförmig, runzelig; dunkelgrün.

- HERKUNFT Züchtung.
- KULTUR Gedeiht in allen nährstoffreichen, feuchten, gut durchlässigen Böden in voller Sonne. Ideale Beet- und Kübelpflanze.
- VERMEHRUNG Durch Aussaat bei 16–18 °C im Februar oder März unter Glas.

HÖHE Bis 45 cm

BREITE 30–45 cm

Plumbaginaceae | GEFLÜGELTER STRANDFLIEDER

Limonium sinuatum Fortress-Serie

Wuchs Aufrecht wachsende Rosettenstaude, meist einjährig kultiviert. ***Blüten*** Weiß, magentarot, purpurn, leuchtendblau, gelb und apricot; winzig, trichterförmig, in breiten Doldentrauben aus dichten Ährchen. Blütezeit Juli–September. ***Blätter*** Schmal lanzettförmig, fiederspaltig; mittelgrün.

- HERKUNFT Züchtung.
- KULTUR Bevorzugt leichte, gut durchlässige Böden und Sonne. Hübsche Schnitt- und Trockenblumen.
- VERMEHRUNG Aussaat bei 13–18 °C im zeitigen Frühjahr unter Glas. Ausgepflanzt wird Mitte Mai.

HÖHE Bis 60 cm

BREITE 30 cm

Scrophulariaceae	ELFENSPIEGEL

NEMESIA STRUMOSA 'KLM'

Wuchs Buschige, unten verzweigte Einjährige.
Blüten Zweifarbig blau und weiß, mit gelben und rosafarbenem Schlund; 2lippig, bis 3 cm breit, in doldenartigen Trauben. Juni–September.
Blätter Lanzettförmig, leicht behaart; mittelgrün.
- HERKUNFT Züchtung.
- KULTUR Wächst in mäßig nährstoffreichen, feuchten, jedoch gut durchlässigen, schwach sauren Böden in der Sonne. Für Beete und Topfkultur.
- VERMEHRUNG Im März oder April bei 15 °C unter Glas aussäen. Ab Mitte Mai auspflanzen.

HÖHE
20–30 cm

BREITE
10–15 cm

Boraginaceae	GEMEINER NATTERNKOPF, BLAUER NATTERNKOPF

ECHIUM VULGARE 'Blue Bedder'

Wuchs Aufrechte, buschige Zweijährige.
Blüten Himmelblau, später bläulichrosa; breit trichterförmig, in kurzen, dichten Scheinähren. Blütezeit Juni–September. ***Blätter*** Schmal lanzettförmig, borstig behaart; mittelgrün.
- HERKUNFT Züchtung.
- KULTUR In gut durchlässigen, mäßig nährstoffhaltigen Humusböden in der Sonne. Gut für Misch- oder Wildblumenrabatten und Beete.
- VERMEHRUNG Aussaat bei 13–16 °C im März oder April unter Glas. Oft Selbstaussaat.

HÖHE
Bis 45 cm

BREITE
30 cm

Polemoniaceae	

GILIA TRICOLOR

Wuchs Buschige, verzweigte Einjährige.
Blüten Blaßviolett; tellerförmig, bis 1,5 cm breit, einzeln oder zu mehreren. Blütezeit Juli.
Blätter Fiederspaltig; leuchtendgrün.
- HERKUNFT Züchtung.
- KULTUR Grasland im westlichen Nordamerika.
- KULTUR In mäßig nährstoffreichen, gut durchlässigen Böden an vollsonnigen Standorten. Ideal für Misch-, Sommerblumen- oder Wildblumenrabatten sowie für sonnige Trockenhänge.
- VERMEHRUNG Freilandaussaat im April oder Mai.

HÖHE
30–45 cm

BREITE
25 cm

Campanulaceae	ZIMMERGLOCKENBLUME, STERN VON BETHLEHEM

CAMPANULA ISOPHYLLA 'Stella Blue'

Wuchs Staude mit hängenden Trieben, meist einjährig kultiviert. ***Blüten*** Blauviolett; 4 cm breite Sterne, in lockeren, doldentraubigen Blütenständen. Blütezeit Juli–September. ***Blätter*** Herzförmig, gezähnt; hellgrün.
- HERKUNFT Züchtung.
- KULTUR In nährstoffreichen, gut durchlässigen Böden an sonnigen bis absonnigen Standorten. Für Hängeampeln und andere Pflanzgefäße.
- VERMEHRUNG Durch Aussaat bei 15 °C unter Glas im Spätwinter oder Kopfstecklinge im April.

HÖHE
15–20 cm

BREITE
30 cm

Ranunculaceae	BRAUT IN HAAREN, JUNGFER IM GRÜNEN, GRETEL IM BUSCH

NIGELLA DAMASCENA Persische-Juwelen-Serie

Wuchs Schlanke, straff aufrechte, schnellwüchsige Einjährige. ***Blüten*** Weiß, rosarot, tiefrosa, himmelblau oder tief blauviolett, jeweils von einem dichten Kranz feingeschlitzter, leuchtendgrüner Hochblätter umgeben. Tellerförmig, bis 4 cm breit, mit kronblattähnlichen Kelchblättern und 2lippigen, an der Spitze zerschlitzten, echten Kronblättern, einzeln, reichblühend. Blütezeit Juni–September. ***Blätter*** Eiförmig, fiederteilig; leuchtendgrün. ***Früchte*** Aufgeblähte, runde, aus 10 Balgkapseln zusammengesetzte Fruchtstände, mit herausragenden Stempeln.

- HERKUNFT Art: Felsige Lagen und Brachland in Europa und Nordafrika. Sorte: Züchtung.
- KULTUR Gedeiht in allen gut durchlässigen Böden in der Sonne. Kommt in Bauerngärten und als Füllpflanze in Sommerblumen- oder Mischrabatten gut zur Geltung. Liefert haltbare Schnitt- und dekorative Trockenblumen. Auch die getrockneten Samenkapseln eignen sich für Gestecke. Wird manchmal auch einfarbig sortiert angeboten.
- VERMEHRUNG Freilandaussaat im März oder April. Neigt zur Selbstaussaat.

HÖHE
40 cm

BREITE
25 cm

Solanaceae	

BROWALLIA SPECIOSA 'Blue Troll'

Wuchs Kompakte, buschige Staude, einjährig kultiviert. ***Blüten*** Kräftig blau; tellerförmig, 5lappig, bis 5 cm breit, in den Blattachseln. Blütezeit ab Juni. ***Blätter*** Eiförmig; mittelgrün.

- HERKUNFT Züchtung.
- KULTUR In lehmhaltiges Pflanzsubstrat setzen. Liebt helle Standorte, vor praller Sonne aber schützen. Kann in Beeten, aber auch als kurzlebige Zimmer- oder Gewächshauspflanze gezogen werden.
- VERMEHRUNG Aussaat bei 18 °C im zeitigen Frühjahr unter Glas, für Winterflor im Spätsommer.

Min. 13 °C

HÖHE
Bis 25 cm

BREITE
25 cm

Compositae/Asteraceae	LEBERBALSAM, BLAUSTERNCHEN

AGERATUM HOUSTONIANUM 'Blue Mink'

Wuchs Kräftiger, lockerer Halbstrauch, einjährig gezogen. ***Blüten*** Mehligblau; winzig, feinblättrig, in rundlichen, 5–10 cm breiten Körbchen. Blütezeit Juli–Oktober. ***Blätter*** Eiförmig, weich behaart; mittelgrün.

- HERKUNFT Züchtung.
- KULTUR Gedeiht in feuchten, durchlässigen, nährstoffreichen Böden an sonnigen, geschützten Standorten. Schön für Beete, Einfassungen und Kübel.
- VERMEHRUNG Aussaat bei 16–18 °C im März unter Glas. Ausgepflanzt wird nach den Eisheiligen.

HÖHE
20–30 cm

BREITE
20–30 cm

Ranunculaceae	BRAUT IN HAAREN, JUNGFER IM GRÜNEN, GRETEL IM BUSCH

NIGELLA DAMASCENA 'Miss Jekyll'

Wuchs Schlanke Einjährige. ***Blüten*** Himmelblau; halbgefüllt, tellerförmig, bis 4 cm breit, mit einem dichten Kranz feingeschlitzter Hochblätter. Blütezeit Juni–September. ***Blätter*** Fiederteilig; leuchtendgrün. ***Früchte*** Balgkapseln mit herausragenden Stempeln.

- HERKUNFT Züchtung.
- KULTUR Gedeiht in allen gut durchlässigen Böden in der Sonne. Für Bauerngärten, Sommerblumen- oder Mischrabatten und Vasenschnitt.
- VERMEHRUNG Freilandaussaat im März oder April. Neigt zur Selbstaussaat.

HÖHE
45 cm

BREITE
25 cm

Scrophulariaceae	ELFENSPIEGEL

NEMESIA STRUMOSA 'Blue Gem'

Wuchs Buschige, unten verzweigte Einjährige. ***Blüten*** Leuchtendblau, mit weißem Schlund; einfach, 2lippig, etwa 2 cm breit, in endständigen, doldenartigen Trauben. Blütezeit Juni–September. ***Blätter*** Lanzettförmig, leicht behaart; mittelgrün.

- HERKUNFT Züchtung.
- KULTUR Wächst in mäßig nährstoffreichen, feuchten, jedoch gut durchlässigen, schwach sauren Böden in der Sonne. Für Beete und Topfkultur.
- VERMEHRUNG Im März oder April bei 15 °C unter Glas aussäen. Ab Mitte Mai auspflanzen.

HÖHE
20–25 cm

BREITE
10–15 cm

Solanaceae	GLOCKENWINDE

NOLANA PARADOXA

Wuchs Niederliegende, kriechende Einjährige oder Staude mit fleischigen Trieben. ***Blüten*** Himmelblau, mit weiß-gelbem Schlund; breit glockenförmig, mit 5 Kronblättern, bis 5 cm breit, einzeln oder zu mehreren in den Blattachseln. Blütezeit Juli–September. Öffnen sich nur bei Sonnenschein.
Blätter Verkehrt lanzettförmig, ungestielt, in grundständigen Rosetten, Stengelblätter eiförmig; mittelgrün.

• HERKUNFT Trockene Küstengebiete in Chile und Peru.

• KULTUR Gedeiht in allen mäßig nährstoffreichen, gut durchlässigen Böden an warmen, vollsonnigen Standorten. Kann auch als kurzlebige Zimmerpflanze gezogen werden. Unterglaskulturen in lehmhaltige Topferde setzen; für viel Licht und gute Durchlüftung sorgen. Mäßig gießen.

• VERMEHRUNG Durch Aussaat bei 13–15 °C im März unter Glas oder im Mai direkt im Freiland. Sollen Topfpflanzen bereits im Frühjahr blühen, müssen sie im Herbst gesät und frostfrei überwintert werden.

☼ ◊ ❄

HÖHE
15–20 cm

BREITE
15–20 cm

Hydrophyllaceae

NEMOPHILA MENZIESII

Wuchs Einjährige mit fleischigen Stengeln. ***Blüten*** Blau, mit hellem Auge; tellerförmig, bis 4 cm breit, einzeln in den Blattachseln. Blütezeit Juni–August. ***Blätter*** Fiederteilig; graugrün.

- HERKUNFT Kalifornien, USA.
- KULTUR In nährstoffreichen, feuchten, aber gut durchlässigen Böden in sonnigen bis halbschattigen Lagen. Für Einfassungen und Blumenkästen.
- VERMEHRUNG Freilandaussaat ab März. Sät sich häufig selbst aus.
- WEITERER NAME *N. insignis.*

HÖHE
20 cm

BREITE
30 cm

Compositae/Asteraceae

FELICIA BERGERIANA

Wuchs Mattenbildende, reichblühende Einjährige. ***Blüten*** Strahlendblau, mit gelber Mitte; 3 cm breite Körbchen mit schlanken Strahlenblüten, einzeln. Blütezeit Juli–August. ***Blätter*** Lanzettförmig, weich behaart; graugrün.

- HERKUNFT Offene sonnige Lagen in Südafrika.
- KULTUR In kargen bis mäßig nährstoffreichen, gut durchlässigen Böden in der Sonne. Für Beete, Rabatten, Blumenkästen und andere Pflanzgefäße. Gut windverträglich.
- VERMEHRUNG Aussaat bei 18 °C im Frühjahr.

HÖHE
25 cm

BREITE
25 cm

Compositae/Asteraceae | KURZSCHOPF

BRACHYCOME IBERIDIFOLIA

Wuchs Breitwüchsige Einjährige. ***Blüten*** Weiß, rosa, violett oder purpurblau, mit gelber Mitte; 4 cm breite Körbchen. Blütezeit Juni–September. ***Blätter*** Gefiedert, weich behaart; graugrün.

- HERKUNFT Frisches Grasland in West- und Südaustralien.
- KULTUR Braucht nährstoffreiche, gut durchlässige Böden und warme, sonnige, geschützte Standorte. Eignet sich für Beete, Einfassungen, Pflanzgefäße und sonnige Trockenhänge.
- VERMEHRUNG Aussaat bei 18 °C im März.

HÖHE
Bis 45 cm

BREITE
35 cm

Boraginaceae | SOMMERVERGISSMEINNICHT

CYNOGLOSSUM AMABILE 'Firmament'

Wuchs Aufrechte, buschige Ein- oder Zweijährige. ***Blüten*** Himmelblau; nickend, vergißmeinnichtähnlich, bis 1 cm breit, in endständigen Wickeln. Blütezeit Juli–September. ***Blätter*** Ei- bis lanzettförmig, behaart, erinnern an Hundszungen; graugrün.

- HERKUNFT Züchtung.
- KULTUR In mäßig nährstoffreichen, feuchten, aber gut durchlässigen Böden in der Sonne oder im Halbschatten. Für Sommerblumenrabatten oder als Füllpflanze in Misch- und Staudenrabatten.
- VERMEHRUNG Durch Freilandaussaat im April.

HÖHE
40 cm

BREITE
Bis 30 cm

PELARGONIE

Die Gattung der Pelargonien *(Pelargonium)* umfaßt etwa 230 Arten vorwiegend immergrüner Stauden, Sukkulenten, Halbsträucher und Sträucher. Reine Arten sind kaum in Kultur; bei den verbreiteten, im Volksmund fälschlicherweise »Geranien« genannten Sommerblumen handelt es sich meist um Hybridzüchtungen, die aus Kreuzungen unter Beteiligung von rund 20 Arten entstanden sind. Die von *P. crispum* stammenden Exemplare tragen im Sommer Dolden aus trichterförmigen Blüten. Efeupelargonien haben fleischige, gelappte Blätter und wachsen entweder kompakt und kurzstengelig oder hängend. Zu den neueren Zonalpelargonien gehören einfachblühende Sorten mit regelmäßigem Wuchs, die in Sommerblumenbeeten und Blumenkästen am besten wirken. Sie sorgen den ganzen Sommer hindurch für überbordende Blütenpracht. Im Gegensatz zu älteren Sorten, die man aus Stecklingen zieht, zeigen sie sich schon im ersten Jahr nach der Aussaat äußerst blühwillig und fallen in Farbe und Wuchs samentreu aus.

Pelargonien können frostfrei überwintert werden. Da sie sehr wuchsfreudig sind, zieht man sie jedoch am besten einjährig.

Pflanzen Sie Pelargonien in nährstoffreiche, gut durchlässige, neutrale bis basische Böden an vollsonnigen Standorten. Welke Blüten müssen regelmäßig entfernt werden. Für Gefäßkulturen verwendet man am besten Topferde mit oder ohne Lehmanteil. Man gießt während des Wachstums mäßig und gibt zwischen Frühjahr und Frühsommer alle 10–14 Tage einen ausgewogenen Flüssigdünger. Sobald die Blüte beginnt, steigt man auf konzentrierten Kaliumdünger um.

Vermehrt wird durch Aussaat im Dezember oder Januar bei 16–18 °C unter Glas. Für eine erfolgreiche Anzucht sind konstante Temperaturen erforderlich, da Schwankungen die Keimung verzögern und zu schwachem Wachstum führen.

Zu den häufigsten Pelargonienschädlingen gehören der Gefurchte Dickmaulrüßler sowie Zikaden, Blattläuse und Raupen. Auch Grauschimmel *(Botrytis)* und Wurzelfäule treten auf.

***P.* Horizon-Serie**
Wuchs Kompaktbuschige Stauden, einjährig gezogen; wetterfest. ***Blüten*** Weiß, rosa oder rot; einfach, in bis 12 cm breiten Dolden. Blütezeit Mai–Oktober. ***Blätter*** Rund; mittelgrün, mit dunklerer Zone.
- HÖHE 30 cm.
- BREITE 25 cm.

***P.* Horizon-Serie**
(Aus Samen gezogene Zonalpelargonien)

Min. 2 °C

***P.* Multibloom-Serie**
Wuchs Buschige, frühblühende Stauden, einjährig gezogen; witterungsbeständig. ***Blüten*** Weiß, rosa oder rot, manche mit Auge; einfach, in Dolden. Blütezeit Mai–Oktober. ***Blätter*** Rund; mittelgrün, mit dunklerer Zone.
- HÖHE Bis 30 cm.
- BREITE 30 cm.

***P.* Multibloom-Serie**
(Aus Samen gezogene Zonalpelargonien)

Min. 2 °C

***P.* Breakaway-Serie**
Wuchs Kompakte Stauden mit regelmäßigem Wuchs, einjährig kultiviert. ***Blüten*** Rot oder lachsrosa; klein, einfach, mit aufrechten, waagrechten und hängenden Trieben, in lockeren Dolden. Blütezeit Mai–Oktober. ***Blätter*** Klein, rund; mittelgrün.
- HÖHE 25 cm.
- BREITE 25 cm.

***P.* Breakaway-Serie**
(Aus Samen gezogene Zonalpelargonien)

Min. 2 °C

***P.* 'Raspberry Ripple'**
Wuchs Buschige, immergrüne Staude, einjährig gezogen. ***Blüten*** Weiß, rosa überlaufen und rot gesprenkelt; einfach, breit trichterförmig, bis 3 cm breit. Von Mai bis Oktober in Schüben blühend. ***Blätter*** Rund, aromatisch duftend; mittelgrün.
- HÖHE 30 cm.
- BREITE 30 cm.

***P.* 'Raspberry Ripple'**
(Aus Samen gezogene Zonalpelargonie)

Min. 2 °C

P. 'Summer Showers'
Wuchs Unten verzweigte, hängende Staude, einjährig gezogen. ***Blüten*** Weiß, rosa, rot oder lila; einfach, in Dolden. Blütezeit Mai–Oktober. ***Blätter*** Gelappt, efeuartig, fleischig, fest, glänzend; mittelgrün.
- HÖHE 60 cm.
- BREITE 90 cm.

P. 'Summer Showers'
(Aus Samen gezogene Efeupelargonie)

Min. 2 °C

P. Sensation-Serie
Wuchs Kompaktbuschige Stauden, einjährig gezogen; wetterfest. ***Blüten*** Rosa, rot oder orange, zum Teil mit weißem Auge, als Farbmischung oder in Einzelfarben erhältlich; einfach, in Dolden. Blütezeit Mai–Oktober. ***Blätter*** Rund; mittelgrün, dunkle Zone.
- HÖHE 30 cm.
- BREITE 25 cm.

P. Sensation-Serie
(Aus Samen gezogene Zonalpelargonien)

Min. 2 °C

P. 'Cherry Orbit'
Wuchs Reich verzweigte, frühblühende Staude, einjährig gezogen. ***Blüten*** Weiß, rosa, kirschrot bis violett, scharlachrot oder orange; einfach, in bis 14 cm großen Dolden, zahlreich. Mai–Oktober. ***Blätter*** Rund; mittelgrün, mit schwach ausgeprägter Zone.
- HÖHE 35 cm.
- BREITE 25 cm.

P. 'Cherry Orbit'
(Orbit-Serie)
(Aus Samen gezogene Zonalpelargonien)

Min. 2 °C

P. Tornado-Serie
Wuchs Kompakte Staude mit regelmäßigem Wuchs, einjährig gezogen. ***Blüten*** Weiß oder lila; einfach, in bis 12 cm breiten Dolden. ***Blätter*** Gelappt, fest, fleischig, efeuartig, glänzend; mittelgrün.
- HÖHE 25 cm.
- BREITE 20 cm.

P. Tornado-Serie
(Aus Samen gezogene Efeupelargonien)

Min. 2 °C

P. Video-Serie
Wuchs Niedrige, buschige, kompakte Stauden, einjährig gezogen. ***Blüten*** Rosa, rot oder lachsrosa, Einzelfarben oder Farbmischungen; einfach, in bis 10 cm breiten Dolden. Blütezeit Mai–Oktober. ***Blätter*** Rund; dunkelgrün, mit deutlicher Zone.
- HÖHE 20 cm.
- BREITE 20 cm.

P. Video-Serie
(Aus Samen gezogene Zonalpelargonien)

Min. 2 °C

P. 'Rose Diamond'
Wuchs Buschige Staude, einjährig kultiviert; wetterfest. ***Blüten*** Rosarot oder rot; einfach, in gewölbten, bis 12 cm breiten Dolden. Blütezeit Mai–Oktober. ***Blätter*** Rund; mittelgrün, mit bronzefarbener Zone.
- HÖHE 30–60 cm.
- BREITE 30–60 cm.

P. 'Rose Diamond'
(Diamond-Serie)
(Aus Samen gezogene Zonalpelargonien)

Min. 2 °C

P. 'Orange Appeal'
Wuchs Buschige, reichblühende Staude, einjährig gezogen. ***Blüten*** Leuchtendorange; einfach, in bis 7 cm breiten Dolden. Blütezeit Mai–Oktober. ***Blätter*** Rund; leuchtendgrün.
- HÖHE 30–40 cm.
- BREITE 30 cm.

P. 'Orange Appeal'
(Aus Samen gezogene Zonalpelargonie)

Min. 2 °C

PETUNIE

Die aus *Petunia axillaris*, *P. integrifolia* und *P. violacea* neu gezüchteten Hybriden sind die gärtnerisch wichtigsten Vertreter der Gattung *Petunia* mit etwa 40 Arten Einjähriger und Stauden. Sie schmücken sich von Mai bis Oktober mit zahlreichen, einfach- oder gefülltblühenden, gekräuselten, trichterförmigen Blüten. Die Farbpalette reicht von Weiß über Rosa, Rot, Purpur, Blau und Violett bis hin zu Gelb; auch kontrastierend geaderte oder gerandete Sorten sowie Exemplare mit Auge sind erhältlich. Zur besseren Übersicht werden die vielen Sorten in zwei große Gruppen eingeteilt:

Grandiflora-F1-Hybriden tragen bis 10 cm breite Blüten. Sie werden durch Wind und Regen leicht zu Boden gedrückt. Man zieht sie daher vornehmlich in Ampeln an geschützten Standorten und im Kalthaus.

Multiflora-F1-Hybriden sind klein- und vielblütig. Ihre etwa 5 cm breiten Blüten widerstehen Wind und Regen besser als die der Grandiflora-Gruppe. Sie eignen sich deshalb für Beetanlagen, Sommerblumenrabatten und die Bepflanzung von Gefäßen.

Petunien brauchen leichte, gut durchlässige, mäßig nährstoffreiche Böden, und sonnige, windgeschützte Lagen. Sie vertragen sogar Küstenbedingungen und kargen Untergrund. In stark nährstoffreichen Böden nimmt das Blattwachstum auf Kosten der Blütenbildung zu. Entfernen Sie welke Blüten regelmäßig. Gefäßkulturen pflanzt man in Topferde mit oder ohne Lehmanteil.

Während des Wachstums benötigen Petunien viel Wasser. Sobald sich die ersten Blüten zeigen, gibt man ihnen alle zwei Wochen einen Kaliumdünger.

Ausgesät wird im Februar oder März bei 13–18 °C unter Glas. Die Samen sind Lichtkeimer und dürfen daher nicht mit Erde bedeckt werden. Etwa einen Monat nach der Aussaat pikiert man die Sämlinge, härtet sie ab und setzt sie ab Mitte Mai ins Freie. Petunien der Surfinia-Serie lassen sich nur durch Stecklinge vermehren. Man schneidet sie im Sommer und überwintert die Jungpflanzen unter Glas.

Petunien sind anfällig für Blattläuse, Nacktschnecken und Virosen.

P. Surfinia-Serie (weiß)

Wuchs Kräftige, verzweigte, wetterfeste Einjährige. ***Blüten*** Weiß; trichterförmig, 10 cm breit, zahlreich. Blütezeit Mai–September. ***Blätter*** Eiförmig; mittelgrün.

- HÖHE 25–40 cm.
- BREITE 30–90 cm.

P. Surfinia-Serie (weiß)
(Grandiflora)

☼ ◊ ❄

P. Recoverer-Serie

Wuchs Buschige, reich verzweigte Einjährige. ***Blüten*** Weiß und verschiedene andere Farben, als Farbmischung erhältlich; einfach, trichterförmig, bis 10 cm breit. Blütezeit Mai–September. ***Blätter*** Eiförmig; mittel- bis dunkelgrün.

- HÖHE 15–40 cm.
- BREITE 30 cm.

P. Recoverer-Serie
(Grandiflora)

☼ ◊ ❄

P. Victorious-Serie

Wuchs Buschige, gut verzweigte Einjährige. ***Blüten*** In vielen leuchtenden Farben erhältlich; gefüllt, trichterförmig, bis 10 cm breit, mit stark gekräuselten Rändern, zahlreich. Blütezeit Mai–September. ***Blätter*** Eiförmig; mittelgrün.

- HÖHE 15–30 cm.
- BREITE 30 cm.

P. Victorious-Serie
(Grandiflora)

☼ ◊ ❄

P. Bonanza-Serie

Wuchs Reichblühende Einjährige mit dichtem, kräftigem Wuchs.
Blüten Weiß, rosa, rot, purpurn, violett oder blau, meist stark geadert; gefüllt, trichterförmig, bis 5 cm breit, zahlreich. Blütezeit Mai–Oktober.
Blätter Eiförmig; mittelgrün.
- HÖHE 15–30 cm.
- BREITE 30 cm.

P. **Bonanza-Serie**
(Multiflora)

P. 'Plum Pudding'

Wuchs Dichte und breitwüchsige, wetterfeste Einjährige. ***Blüten*** Dunkelrosa, purpurn, blau oder gelb, mit dunklem Auge und deutlicher, filigraner Aderung; einfach, 5 cm breit. Blütezeit Mai–Oktober.
Blätter Eiförmig; mittelgrün.
- HÖHE 20 cm.
- BREITE 30–45 cm.

P. **'Plum Pudding'**
(Multiflora)

P. Junior-Serie

Wuchs Niedrige, kompakte, horstbildende Einjährige. ***Blüten*** Weiß, rosa, rot oder blau; trichterförmig, 2–3 cm breit. Blütezeit Mai–September. ***Blätter*** Eiförmig; mittelgrün.
- HINWEIS Ideal für Ampeln und Blumenkästen.
- HÖHE 10–15 cm.
- BREITE 15 cm.

P. **Junior-Serie**
(Multiflora)

P. Resisto-Serie (rosarot)

Wuchs Buschige, reich verzweigte, regenfeste Einjährige.
Blüten Rosarot; einfach, trichterförmig, 5 cm breit, zahlreich. Blütezeit Mai–Oktober.
Blätter Eiförmig; mittelgrün.
- HÖHE 15–30 cm.
- BREITE 30 cm.

P. **Resisto-Serie (rosarot)**
(Multiflora)

P. Falcon-Serie (Mischung)

Wuchs Buschige, reich verzweigte Einjährige.
Blüten In vielen verschiedenen Farben, zum Teil geadert oder 2farbig; einfach, trichterförmig, bis 10 cm breit, zahlreich. Blütezeit Mai–Oktober. ***Blätter*** Eiförmig; mittelgrün.
- HÖHE 25–30 cm.
- BREITE 30 cm.

P. **Falcon-Serie (Mischung)**
(Grandiflora)

P. 'Rose Star'

Wuchs Breitwüchsige, frühblühende, regenfeste Einjährige.
Blüten Rosarot, mit weißem Mittelstern, auch in anderen Farben erhältlich; trichterförmig, 10 cm breit. Blütezeit Mai–Oktober.
Blätter Eiförmig; mittelgrün.
- HÖHE 30 cm.
- BREITE 30–90 cm.

P. **'Rose Star'**
(Ultra-Serie)
(Grandiflora)

P. Pirouette-Serie

Wuchs Dichtbuschige Einjährige. ***Blüten*** 2farbig, mit verschiedenen, kräftigen, klaren Farbtönen; gefüllt, trichterförmig, 7–10 cm breit, Kronblattränder gekräuselt. Blütezeit Mai–Oktober. ***Blätter*** Eiförmig; mittelgrün.
- HÖHE 40 cm.
- BREITE 45 cm.

P. **Pirouette-Serie**
(Grandiflora)

P. Star-Serie

Wuchs Buschige, reich verzweigte Einjährige.
Blüten In mehreren, kräftigen Farben, Kronblätter mit breitem, weißem Mittelstreifen; einfach, trichterförmig, 10 cm breit. Blütezeit Mai–Oktober.
Blätter Eiförmig; mittelgrün.

- HÖHE 15–30 cm.
- BREITE 30 cm.

P. Star-Serie
(Grandiflora)

P. Resisto-Serie (rot)

Wuchs Buschige, reich verzweigte, regenfeste Einjährige.
Blüten Kräftig rot; einfach, trichterförmig, 5 cm breit, zahlreich. Blütezeit Mai–Oktober.
Blätter Eiförmig; mittelgrün.

- HÖHE 15–30 cm.
- BREITE 30 cm.

P. Resisto-Serie (rot)
(Multiflora)

P. 'Mirage Velvet'

Wuchs Dichte, breitwüchsige, wetterfeste Einjährige. ***Blüten*** Tiefrot, mit dunklem Schlund; einfach, 7 cm breit, zahlreich. Blütezeit Mai–Oktober.
Blätter Eiförmig; mittel- bis dunkelgrün.

- HÖHE 25 cm.
- BREITE 30 cm.

P. 'Mirage Velvet'
(Mirage-Serie)
(Multiflora)

P. Falcon-Serie 'Salmon'

Wuchs Buschige, reich verzweigte, vielblütige Einjährige.
Blüten Lachsrosa; einfach, trichterförmig, 10 cm breit. Blütezeit Mai–Oktober.
Blätter Eiförmig; mittelgrün.

- HÖHE 25–30 cm.
- BREITE 30 cm.

P. Falcon-Serie 'Salmon'
(Grandiflora)

P. 'Horizon Red Halo'

Wuchs Dichte, breitwüchsige, vielblütige Einjährige. ***Blüten*** Rot, mit weiß-gelbem Schlund; einfach, 5 cm breit. Blütezeit Mai–Oktober. ***Blätter*** Eiförmig; mittelgrün.

- HÖHE 35 cm.
- BREITE 30–90 cm.

P. 'Horizon Red Halo'
(Horizon-Serie)
(Multiflora)

P. 'Purple Wave'

Wuchs Dichtwüchsige, hängende, vielblütige Einjährige. ***Blüten*** Strahlend magentarot, mit dunklem Auge; einfach, weit trichterförmig, 5 cm breit. Blütezeit Mai–Oktober. ***Blätter*** Eiförmig; mittelgrün.

- HÖHE 45 cm.
- BREITE 30–90 cm.

P. 'Purple Wave'
(Multiflora)

P. Resisto-Serie

Wuchs Buschige, reich verzweigte, regenfeste Einjährige. ***Blüten*** In vielerlei Farben erhältlich; einfach, trichterförmig, 5 cm breit, zahlreich. Blütezeit Mai–Oktober.
Blätter Eiförmig; mittelgrün.
- HÖHE 15–30 cm.
- BREITE 30 cm.

P. Resisto-Serie
(Multiflora)

P. 'Lavender Storm'

Wuchs Dichte, reich verzweigte, kompakte, wetterfeste Einjährige.
Blüten Lila, mit filigraner Aderung; groß, tellerförmig, 10 cm breit, zahlreich. Blütezeit Mai–Oktober.
Blätter Eiförmig; mittelgrün.
- HÖHE 25 cm.
- BREITE 45 cm.

P. 'Lavender Storm'
(Grandiflora)

P. 'Sugar Daddy'

Wuchs Buschige, reich verzweigte Einjährige.
Blüten Purpurn, dunkel geadert; trichterförmig, 10 cm breit, gekräuselt, zahlreich. Blütezeit Mai–Oktober.
Blätter Eiförmig; mittelgrün.
- HÖHE 35 cm.
- BREITE 30–90 cm.

P. 'Sugar Daddy'
(Daddy-Serie)
(Grandiflora)

P. 'Mirage Lavender'

Wuchs Dichte, breitwüchsige Einjährige. ***Blüten*** Blaß lilablau, zart geadert; einfach, 7 cm breit, zahlreich. Blütezeit Mai–Oktober. ***Blätter*** Eiförmig; mittelgrün.

- HÖHE 30 cm.
- BREITE 30–90 cm.

P. 'Mirage Lavender' (Mirage-Serie) (Multiflora)

P. 'Blue Frost'

Wuchs Buschige, reich verzweigte Einjährige. ***Blüten*** Blauviolett, weiß gerandet; einfach, trichterförmig, 10 cm breit, mit breiten, leicht gekräuselten Rändern. Blütezeit Mai–Oktober. ***Blätter*** Eiförmig; mittelgrün.

- HÖHE 15–30 cm.
- BREITE 30 cm.

P. 'Blue Frost' (Grandiflora)

P. Fantasy-Serie Mischung

Wuchs Niedrige, kompakte, dichtwüchsige, wetterfeste Einjährige. ***Blüten*** Cremegelb, rosa, rot, blau oder lachsrot; trichterförmig. Blütezeit Mai–Oktober. ***Blätter*** Eiförmig; mittel- bis dunkelgrün.

- HÖHE 25–30 cm.
- BREITE 25–30 cm.

P. Fantasy-Serie Mischung (Multiflora)

P. Carpet-Serie

Wuchs Dichte, kompakte, breitwüchsige Einjährige. ***Blüten*** Weiß, rosa, rot, purpurn, gelb oder orange; einfach, breit trichterförmig. Blütezeit Mai–Oktober. ***Blätter*** Eiförmig; mittelgrün.

- HÖHE 20–25 cm.
- BREITE 30–90 cm.

P. Carpet-Serie (Multiflora)

P. 'Brass Band'

Wuchs Breitwüchsige, gut verzweigte, wetterfeste Einjährige. ***Blüten*** Cremegelb, mit dunklerem Auge; einfach, bis 5 cm breit, mit gekräuselten Kronblatträndern. Blütezeit Mai–Oktober. ***Blätter*** Eiförmig; mittelgrün.

- HÖHE 25–30 cm.
- BREITE 30 cm.

P. 'Brass Band' (Multiflora)

Boraginaceae	KAP-OCHSENZUNGE

ANCHUSA CAPENSIS 'Blauer Engel'

Wuchs Kompakte, aufrechte Zweijährige, in Mitteleuropa nur einjährig kultiviert. ***Blüten*** Indigoblau; tellerförmig, bis 1 cm breit, in lockeren Rispen. Blütezeit Juli–September. ***Blätter*** Schmal lanzettförmig, rauh behaart; mittelgrün.

- HERKUNFT Züchtung.
- KULTUR In feuchten, gut durchlässigen, mäßig nährstoffreichen Böden in voller Sonne. Für Beete, Rabatten und Pflanzschalen.
- VERMEHRUNG Aussaat bei 13–16 °C im März unter Glas oder im April oder Mai im Freiland.

HÖHE
20 cm

BREITE
20 cm

Solanaceae	

BROWALLIA SPECIOSA 'Vanja'

Wuchs Buschige Staude, einjährig kultiviert. ***Blüten*** Tiefblau, Auge weiß; tellerförmig, 5lappig. Blütezeit ab Juni. ***Blätter*** Eiförmig; mittelgrün.

- HERKUNFT Züchtung.
- KULTUR In lehmhaltiges Pflanzsubstrat setzen. Liebt helle Standorte; vor praller Mittagssonne schützen. Kann in Beeten, aber auch als kurzlebige Zimmer- oder Gewächshauspflanze gezogen werden. Mäßig gießen und monatlich düngen.
- VERMEHRUNG Aussaat bei 18 °C im zeitigen Frühjahr bzw. Spätsommer für Winterflor.

Min. 13 °C

HÖHE
Bis 25 cm

BREITE
25 cm

Hydrophyllaceae	

PHACELIA CAMPANULARIA

Wuchs Aufrechte, verzweigte, aromatisch duftende Einjährige. ***Blüten*** Dunkelblau; aufgerichtet, glockenförmig, bis 3 cm breit, in lockeren Trugdolden. Blütezeit Juli–September. ***Blätter*** Eiförmig, gezähnt; dunkelgrün.

- HERKUNFT Südkalifornien, USA.
- KULTUR Wächst in allen nährstoffreichen, gut durchlässigen Böden in der Sonne. Kommt in Rabatten und zwischen Wildblumen gut zur Geltung. Bienenweide.
- VERMEHRUNG Freilandaussaat von April bis Juni.

HÖHE
15–30 cm

BREITE
15 cm

Boraginaceae	WALDVERGISSMEINNICHT

MYOSOTIS SYLVATICA 'Music'

Wuchs Wuchsfreudige, aufrechte Staude, meist zweijährig gezogen. ***Blüten*** Violettblau, mit gelbem Auge; tellerförmig, 1 cm breit, in traubenförmigen Wickeln. Blütezeit April–Juni. ***Blätter*** Ei- bis lanzettförmig; leuchtendgrün.

- HERKUNFT Züchtung.
- KULTUR Für mäßig nährstoffreiche, feuchte, gut durchlässige Böden in der Sonne oder im Halbschatten. Vor Mittagssonne schützen. Beetschmuck.
- VERMEHRUNG Durch Aussaat in Gefäßen im kalten Kasten oder im Frühbeet von Juni bis Juli.

Min. -13 °C

HÖHE
25 cm

BREITE
25 cm

Convolvulaceae	TEPPICHWINDE, DREIFARBIGE WINDE, SOMMERWINDE

CONVOLVULUS TRICOLOR 'Royal Ensign'

Wuchs Buschige Einjährige. ***Blüten*** Tiefblau, mit weißem, zur Mitte hin gelbem Schlund; trichterförmig. Blütezeit Juni–September. ***Blätter*** Ei- bis lanzettförmig; dunkelgrün.

- HERKUNFT Züchtung.
- KULTUR In kargen bis mäßig nährstoffreichen, gut durchlässigen Böden an warmen, sonnigen Standorten. Für Ampeln und sonnige Böschungen.
- VERMEHRUNG Freilandaussaat im April/Mai.
- WEITERER NAME *C. minor* 'Royal Ensign'.

HÖHE
30 cm

BREITE
30 cm

Compositae/Asteraceae	SILBERGREISKRAUT, SILBERBLATT

SENECIO BICOLOR 'Silverdust'

Wuchs Buschiger, immergrüner Halbstrauch, einjährig gezogen. ***Blüten*** Senfgelb; Köpfchen, in Doldenrispen. Blütezeit August–September. Erscheinen erst im zweiten Jahr. ***Blätter*** Tief fiederspaltig, dichtbehaart; silberweiß.

- HERKUNFT Züchtung.
- KULTUR In gut durchlässigen Böden in der Sonne. Hübscher Blattschmuck für Beete.
- VERMEHRUNG Aussaat bei 19–24 °C im März.
- WEITERE NAMEN *S. cineraria* 'Silverdust', *Cineraria maritima* 'Silverdust'.

HÖHE
30 cm

BREITE
30 cm

Compositae/Asteraceae	SILBERGREISKRAUT, SILBERBLATT

SENECIO BICOLOR 'Cirrus'

Wuchs Buschiger, immergrüner Halbstrauch, einjährig gezogen. ***Blüten*** Senfgelb; Köpfchen, in Doldenrispen. Blütezeit August–September. Erscheinen erst im zweiten Jahr. ***Blätter*** Eiförmig, fiederspaltig oder gezähnt; weiß oder silbergrün.

- HERKUNFT Züchtung.
- KULTUR In gut durchlässigen Böden in der Sonne. Blattschmuckpflanze für Beetanlagen.
- VERMEHRUNG Aussaat bei 19–24 °C im März.
- WEITERE NAMEN *S. cineraria* 'Cirrus', *Cineraria maritima* 'Cirrus'.

HÖHE
30 cm

BREITE
30 cm

Dipsacaceae	STERNSKABIOSE

SCABIOSA STELLATA 'Paper Moon'

Wuchs Aufrecht wachsende, verzweigte Einjährige. ***Blüten*** Cremerosa; halbkugelförmige Blütenstände, mit nadelkissenartiger Mitte und größeren Randblüten, einzeln. Blütezeit Juni–August. ***Blätter*** Ei- bis lanzettförmig, fiederteilig; mittelgrün. ***Früchte*** Kugelförmige, bis 8 cm große Samenstände aus papierartigen, becherförmigen Hochblättern, die nach der Blüte größer werden; durchscheinend, Hochblätter am Grund grün und rotviolett.

• HERKUNFT Art: Trockenwiesen und Steinhänge in Südeuropa. Sorte: Züchtung.

• KULTUR In mäßig nährstoffreichen, gut durchlässigen, neutralen bis basischen Böden an warmen, sonnigen Standorten ziehen. Samenstände schneiden, solange sie noch grün sind, und an einem luftigen, sonnengeschützten Platz nach unten hängend trocknen. Sie werden in Gestecke eingebunden. Sternskabiosen eignen sich für Misch-, Sommerblumen- und Wildblumenrabatten, wo sie Bienen und Schmetterlinge anlocken.

• VERMEHRUNG Aussaat bei 6–12 °C ab Mitte März unter Glas oder ab Ende April im Freien.

☼ 💧
❄❄❄

HÖHE
Bis 45 cm

BREITE
25 cm

Gramineae/Poaceae	KLEINES ZITTERGRAS

BRIZA MINOR

Wuchs Locker büscheliges, einjähriges Gras. ***Blüten*** Anfangs blaßgrün, oft purpurgetönt, später strohgelb; eiförmige, 5 mm lange, nickende Ährchen, in Rispen auf schlanken Stengeln. Blütezeit Juli–August. ***Blätter*** Schmal, borstig; blaßgrün.
• HERKUNFT Heuwiesen in Europa und Westasien.
• KULTUR In gut durchlässigen Böden in der Sonne. Die Rispen lassen sich schneiden, trocknen und einfärben.
• VERMEHRUNG Freilandaussaat ab Ende April.

HÖHE
45 cm

BREITE
25 cm

Gramineae/Poaceae	NEBELSTRAUSSGRAS

AGROSTIS NEBULOSA

Wuchs Büscheliges einjähriges Gras. ***Blüten*** Weiß; winzige Ährchen in zierlich verzweigten, bis 15 cm langen Blütenrispen, reichblühend. Blütezeit Juli–September. ***Blätter*** Linealisch, flach; mittelgrün.
• HERKUNFT Grasland in Marokko und auf der iberischen Halbinsel.
• KULTUR In durchlässigen Böden in voller Sonne. Für Rabatten. Zum Schnitt und Trocknen; Rispen schneiden, solange sie noch grün sind. Verblühtes entfernen, um Selbstaussaat zu verhindern.
• VERMEHRUNG Freilandaussaat im Frühjahr.

HÖHE
35 cm

BREITE
20 cm

Gramineae/Poaceae	GOLDGRAS

LAMARCKIA AUREA

Wuchs Lockere Horste bildendes, einjähriges Gras. ***Blüten*** Goldgelb; nickende Ähren, in 7 cm langen Rispen. Blütezeit Juli–August. ***Blätter*** Breit lanzettförmig, gedreht; leuchtendgrün.
• HERKUNFT Offene Lagen im Mittelmeerraum.
• KULTUR In leichten, sandigen, gut durchlässigen Böden in der Sonne. Aparter Schmuck für Misch- und Sommerblumenrabatten. Zum Schnitt und Trocknen geeignet.
• VERMEHRUNG Im April oder Mai wiederholt im Freiland aussäen.

HÖHE
30 cm

BREITE
25 cm

Compositae/Asteraceae	

OSTEOSPERMUM 'Buttermilk' 🏆

Wuchs Aufrechter, immergrüner Halbstrauch, einjährig gezogen. ***Blüten*** Blaßgelbe, am Ansatz weiße, unterseits rotbraune Strahlen um dunkel rotbraune Mitte; 8 cm breite Körbchen. Blütezeit Juli–September. ***Blätter*** Lanzettförmig; mittelgrün.
- HERKUNFT Züchtung.
- KULTUR In leichten, gut durchlässigen Böden an warmen, sonnigen, geschützten Standorten. Für Misch- oder Sommerblumenrabatten.
- VERMEHRUNG Durch halbausgereifte Stecklinge im Spätsommer. Sorte ist nicht samenecht.

☼ ◇ ❄

HÖHE
Bis 60 cm

BREITE
60 cm

Compositae/Asteraceae	GELBER LEBERBALSAM

LONAS ANNUA

Wuchs Kräftige, buschige Einjährige. ***Blüten*** Goldgelb; knopfartige Köpfchen, in dichten, endständigen, bis 12 cm breiten Doldentrauben. Blütezeit Juli–Oktober. ***Blätter*** Fiederteilig; mittelgrün.
- HERKUNFT Süditalien und NW-Afrika.
- KULTUR In mäßig nährstoffreichen, gut durchlässigen Böden in voller Sonne. Für Misch- oder Sommerblumenrabatten. Schnitt- und Trockenblume.
- VERMEHRUNG Aussaat bei 15–18 °C im März oder April unter Glas.
- WEITERER NAME *L. inodora.*

☼ ◇ ❄

HÖHE
30–45 cm

BREITE
25 cm

Compositae/Asteraceae	GARTENRINGELBLUME, SONNWENDBLUME, GOLDBLUME

CALENDULA OFFICINALIS 'Lemon Queen'

Wuchs Kompakte Einjährige. ***Blüten*** Zitronengelb; gefüllte Körbchen. Blütezeit Juni–Oktober. ***Blätter*** Lanzett- bis spatelförmig; leuchtendgrün.
- HERKUNFT Züchtung.
- KULTUR In allen gut durchlässigen Böden in der Sonne. Für Beete, Gefäße und Vasenschnitt. Welke Blüten regelmäßig entfernen. Für reiche Blüte entspitzen, um Seitentriebe anzuregen.
- VERMEHRUNG Freilandaussaat im Frühjahr oder Herbst.

☼ ◇ ❄❄❄

HÖHE
Bis 45 cm

BREITE
45 cm

Loasaceae

MENTZELIA LINDLEYI

Wuchs Aufrechte, reich verzweigte Einjährige. ***Blüten*** Goldgelb; mit 5 Kronblättern, 5–9 cm breit, duften nachts, in endständigen Trugdolden oder blattachselständig. Blütezeit Juli–August. ***Blätter*** Fiederteilig; mittel- bis graugrün.
- HERKUNFT Trockene, sandige oder felsige Lagen in Kalifornien, USA.
- KULTUR In leichten, gut durchlässigen Böden in voller Sonne. Für Misch- oder Blumenrabatten.
- VERMEHRUNG Durch Freilandaussaat im April.
- WEITERER NAME *Bartonia aurea.*

☼ ◊ ❄❄❄

HÖHE
15–70 cm

BREITE
25 cm

Compositae/Asteraceae | HUSARENKOPF, MINIATURSONNENBLUME

SANVITALIA PROCUMBENS

Wuchs Niederliegende, mattenbildende Einjährige. ***Blüten*** Gelb, mit schwarzer Mitte; einfache, bis 2 cm breite Körbchen. Blütezeit Juli–Oktober. ***Blätter*** Eiförmig, zugespitzt; mittelgrün.
- HERKUNFT Trockene, steinige Lagen in Mexiko.
- KULTUR In mäßig nährstoffreichen, gut durchlässigen, humushaltigen Böden in der Sonne. Für Misch- und Sommerblumenrabatten sowie Ampeln und andere Gefäße.
- VERMEHRUNG Durch Freilandaussaat im Mai.

☼ ◊ ❄❄❄

HÖHE
Bis 20 cm

BREITE
Bis 45 cm

Compositae/Asteraceae | GROSSBLÜTIGES MÄDCHENAUGE

COREOPSIS GRANDIFLORA 'Early Sunrise'

Wuchs Horstbildende Staude, meist einjährig kultiviert. ***Blüten*** Goldgelb, am Ansatz orangegetönt; halbgefüllte, bis 6 cm breite Körbchen. Blütezeit Juni–August. ***Blätter*** Lanzettförmig; mittelgrün.
- HERKUNFT Züchtung.
- KULTUR In gut durchlässigen, nährstoffreichen Böden. Für Misch- und Sommerblumenrabatten. Gute Schnittblume.
- VERMEHRUNG Aussaat bei 13–16 °C im März oder April unter Glas oder ab Ende April im Freiland.

☼ ◊ ❄❄❄

HÖHE
45 cm

BREITE
45 cm

Compositae/Asteraceae	GELBES GÄNSEBLÜMCHEN

Dyssodia tenuiloba

Wuchs Gedrungene, reich verzweigte Einjährige. ***Blüten*** Leuchtendgelb; bis 1,5 cm breite Körbchen. Blütezeit Juli–September. ***Blätter*** Fiederteilig, farnartig, aromatisch duftend; leuchtendgrün.

• HERKUNFT Trockenhänge und Prärien in Texas und Mexiko.

• KULTUR In leichten, gut durchlässigen Böden in der Sonne. Für Misch- und Sommerblumenrabatten oder Ampeln und andere Gefäße.

• VERMEHRUNG Durch Aussaat bei 10–13 °C unter Glas im Frühjahr. Mitte Mai auspflanzen.

HÖHE
30 cm

BREITE
30 cm

Compositae/Asteraceae	

Bidens ferulifolia 'Golden Goddess'

Wuchs Kurzlebige Staude, einjährig kultiviert. ***Blüten*** Goldgelb, Mitte dunkler; sternförmige Körbchen. Blütezeit August. ***Blätter*** Fiederteilig; frischgrün.

• HERKUNFT Züchtung.

• KULTUR In leichten, mäßig nährstoffreichen, feuchten, gut durchlässigen Böden in der Sonne. Für Misch- und Sommerblumenrabatten, Kiespflanzungen oder Ampeln und andere Gefäße.

• VERMEHRUNG Aussaat unter Glas bei 13–18 °C im Frühjahr.

HÖHE
30 cm

BREITE
30 cm

Scrophulariaceae	

Calceolaria Anytime-Serie

Wuchs Kompakte Zweijährige. ***Blüten*** In Rot, Gelb oder zweifarbig erhältlich; aufgeblasen, pantoffelähnlich. Erscheinen 16 Wochen nach der Aussaat. ***Blätter*** Eiförmig; mittelgrün.

• HERKUNFT Züchtung.

• KULTUR Als Zimmerpflanze in Topferde mit Lehmanteil setzen und in helles, gefiltertes Licht stellen. Reichlich gießen und monatlich einen ausgewogenen Dünger zugeben.

• VERMEHRUNG Ganzjährig durch Aussaat bei 18 °C (Lichtkeimer).

HÖHE
20 cm

BREITE
20 cm

Compositae/Asteraceae	

Layia platyglossa

Wuchs Reich verzweigte Einjährige, mit fleischigen Stengeln. ***Blüten*** Gelb, mit weißen Spitzen, Mitte dunkelgelb; bis 5 cm breite Körbchen. Blütezeit Juli–August. ***Blätter*** Schmal, gezähnt oder fiederspaltig; graugrün.

• HERKUNFT Wiesen in Kalifornien, USA.

• KULTUR In gut durchlässige Böden in der Sonne pflanzen. Für Misch- und Sommerblumenrabatten geeignet.

• VERMEHRUNG Durch Freilandaussaat im April/Mai.

• WEITERER NAME *L. elegans.*

HÖHE
30–45 cm

BREITE
25–30 cm

Compositae/Asteraceae	

Gazania 'Talent Yellow' 🏆

Wuchs Immergrüne Staude, einjährig kultiviert. ***Blüten*** Leuchtendgelb; 6 cm breite Körbchen, einzeln auf den Stengeln. Blütezeit Juni–September. ***Blätter*** Lanzettförmig, bereift; mittelgrün.

- HERKUNFT Züchtung.
- KULTUR In leichten, sandigen, gut durchlässigen Böden. Gute Rabatten- und Kübelpflanze.
- VERMEHRUNG Aussaat bei 18–20 °C von Februar bis April unter Glas. Mitte Mai auspflanzen. Auch durch Basalstecklinge im Spätsommer; Jungpflanzen unter Glas überwintern.

HÖHE
25 cm

BREITE
25 cm

Cruciferae/Brassicaceae	GOLDLACK

Cheiranthus cheiri Fair-Lady-Serie

Wuchs Immergrüner Halbstrauch, zweijährig gezogen. ***Blüten*** Pastelltöne in Weiß, Rosa, Lachsrot, Rot oder Gelb; duftend, mit 4 Kronblättern, bis 3 cm breit, in kurzen Trauben. Blütezeit April–Juni. ***Blätter*** Lanzettförmig; dunkelgrün.

- HERKUNFT Züchtung.
- KULTUR In nährstoffreichen, durchlässigen, kalkhaltigen Böden in der Sonne. Für Frühjahrsbeete.
- VERMEHRUNG Aussaat im Saatbeet Mai bis Juli.
- WEITERER NAME *Erysimum cheiri* Fair-Lady-Serie.

HÖHE
30 cm

BREITE
25 cm

Cruciferae/Brassicaceae	GOLDLACK

Cheiranthus cheiri 'Golden Bedder'

Wuchs Immergrüner Halbstrauch, zweijährig gezogen. ***Blüten*** Goldgelb; duftend, mit 4 Kronblättern, bis 3 cm breit, in kurzen Trauben. Blütezeit April–Juni. ***Blätter*** Lanzettförmig; dunkelgrün.

- HERKUNFT Züchtung.
- KULTUR In nährstoffreichen, gut durchlässigen, kalkhaltigen Böden in der Sonne. Für Frühjahrsblumenbeete. Gehört zur Bedder-Serie.
- VERMEHRUNG Aussaat im Saatbeet Mai bis Juli.
- WEITERER NAME *Erysimum cheiri* 'Golden Bedder'.

HÖHE
25–30 cm

BREITE
25 cm

Scrophulariaceae	

Linaria reticulata 'Crown Jewels'

Wuchs Aufrechte Einjährige. ***Blüten*** Rot, rotviolett, orange oder goldgelb; gespornt, ungleich 2lippig, bis 1,5 cm lang, in Trauben. Blütezeit Mai–Juli. ***Blätter*** Linealisch; blaugrün.

- HERKUNFT Züchtung.
- KULTUR In leichten, mäßig nährstoffreichen, gut durchlässigen, vorzugsweise sandigen Böden in der Sonne. Füllpflanze für Misch- oder Staudenrabatten.
- VERMEHRUNG Freilandaussaat im zeitigen Frühjahr. Oft Selbstaussaat.

HÖHE
25 cm

BREITE
25 cm

Amaranthaceae	FEDERBUSCH-CELOSIE

CELOSIA PLUMOSA 'Century Yellow'

Wuchs Wuchskräftige, verzweigte, buschige Einjährige. ***Blüten*** Tief goldgelb; winzig, in dichten, endständigen, federbuschähnlichen, bis 25 cm langen Ähren. Blütezeit Juli–September. ***Blätter*** Ei- bis lanzettförmig; blaßgrün.

• HERKUNFT Züchtung.

• KULTUR In nährstoffreiche, feuchte, jedoch gut durchlässige Böden an warmen, vollsonnigen, windgeschützten Standorten pflanzen. Für Sommerblumenbeete, aber auch als kurzlebige Zimmer- oder Gewächshauspflanze geeignet. Die Blütenstände geben schöne Schnittblumen für Sträuße und Trockengestecke ab. Bei anhaltender Trockenheit gründlich gießen. Unterglaskulturen in Topferde mit Lehmanteil ziehen und für gute Durchlüftung sowie helle Standorte sorgen. Etwas Schatten während der Blütezeit verlängert die Blühdauer. Während des Wachstums mäßig gießen und alle zwei Wochen einen ausgewogenen Flüssigdünger verabreichen.

• VERMEHRUNG Durch Aussaat bei 18 °C im März oder April unter Glas.

☼ ◊ ❄

HÖHE
45 cm

BREITE
30 cm

PRIMEL

Zur Gattung der Primeln *(Primula)* gehören etwa 400 Arten frostempfindliche bis winterharte Ein- und Zweijährige sowie sommergrüne und auch einige immergrüne Stauden. Sie wachsen in grundständigen Blattrosetten und zeigen röhren-, glocken- oder die typischen tellerförmigen Primelblüten. Zu den ein- und zweijährigen Gewächsen zählen die vorwiegend als Zimmerpflanzen kultivierten, frostempfindlichen Sorten der Flieder- oder Brautprimel *(P. malacoides)* und der Becherprimel *(P. obconica)*. Am häufigsten in Kultur findet man jedoch Züchtungen der Kissenprimel *(P. vulgaris)* und die beliebten Gartenhimmelsschlüssel (Elatior-Hybriden). Die kurzstengeligen Blüten der Kissenprimeln sitzen in den Blattrosetten, während die Blütenstände der aus Kreuzungen zwischen *P. amoena, P. elatior, P. juliae, P. veris* und *P. vulgaris* hervorgegangenen Gartenhimmelsschlüssel auf langen, festen Schäften stehen.

Die Sorten der Kissenprimel und auch die Elatior-Hybriden blühen im Frühjahr – Kalthauskulturen tragen ganzjährig Flor – und zeigen sich sehr vielgestaltig. So gibt es immergrüne, halbimmergrüne und sommergrüne Züchtungen. Nach ihren Kulturansprüchen teilt man Primeln grob in zwei Gruppen ein:

Gruppe 1 braucht vollsonnige bis halbschattige Standorte in gleichmäßig feuchten, gut durchlässigen, mäßig nährstoffreichen Böden.

Gruppe 2 Die Vertreter dieser Gruppe werden als Kalthaus- oder Zimmerpflanzen in eine Mischung aus vier Teilen lehmhaltiger Topferde, einem Teil Sand und einem Teil Laubhumus gesetzt. Sie benötigen helles, gefiltertes Licht und reichlich Wasser. Während des Wachstums verabreicht man wöchentlich einen ausgewogenen Flüssigdünger.

Primeln sät man am besten nach der Samenreife bei 16 °C in Gefäßen aus und bedeckt die Körner nur leicht mit Erde. Es kann auch während des ganzen Winters und im Frühjahr gesät werden, doch keimen Frühjahrsaussaaten weniger zuverlässig. Im September werden die Sämlinge eingetopft oder ausgepflanzt.

An Primeln treten Blattläuse, Dickmaulrüßler, Virosen und Grauschimmel auf.

***P. obconica* 'Libre Mixed'**
Wuchs Kompakte, rosettenbildende Staude, einjährig gezogen.
Blüten Weiß, rosa, rot, blau, lachsrot oder apricot; tellerförmig, 2–5 cm breit, in Dolden. Blütezeit Januar–März.
Blätter Derb, eiförmig, gezähnt; mittelgrün.
- KULTUR 2.
- HÖHE 30 cm.
- BREITE 30 cm.

P. obconica
'Libre Mixed'
Becherprimel

***P. malacoides* 'Bright Eyes'**
Wuchs Einjährig gezogene Staude.
Blüten Weiß, rosa, karminrot oder purpurn, mit gelbem Auge, auch 2farbig; einfach, 1 cm breit, in Quirlen. Blütezeit Januar–März.
Blätter Eiförmig, behaart; blaßgrün.
- KULTUR 2.
- HÖHE 25 cm.
- BREITE 20 cm.

P. malacoides
'Bright Eyes' Fliederprimel, Brautprimel

***P. obconica* 'Appleblossom'**
Wuchs Kompakte, rosettenbildende Staude, einjährig gezogen.
Blüten Blaßrosa, lachsrosa überlaufen; tellerförmig, 2–5 cm breit, in Dolden. Blütezeit Januar–März.
Blätter Derb, eiförmig, gezähnt; mittelgrün.
- KULTUR 2.
- HÖHE 20 cm.
- BREITE 25 cm.

P. obconica
'Appleblossom'
Becherprimel

***P.* Cowichan-Serie**
Wuchs Rosettenbildende Stauden, zweijährig gezogen. ***Blüten*** Rot, purpurn, rotviolett, blau oder gelb; tellerförmig, 5 cm breit, samtig. Blütezeit April–Mai.
Blätter Eiförmig, stark geadert; dunkelgrün.
- KULTUR 1.
- HÖHE 30 cm.
- BREITE 30 cm.

***P.* Cowichan-Serie**
(Elatior-Hybride)
Gartenhimmelsschlüssel

P. 'Pacific Giants' Mischung

Wuchs Rosettenbildende, niedrige Stauden, zweijährig gezogen. ***Blüten*** Weiß, rosa, rot, blau oder gelb; tellerförmig, zahlreich. Blütezeit April–Mai. ***Blätter*** Eiförmig; mittelgrün.

- KULTUR 1.
- HÖHE 15–30 cm.
- BREITE 20 cm.

P. **'Pacific Giants' Mischung** (Elatior-Hybride) (Pacific-Serie)
Gartenhimmelsschlüssel

P. VULGARIS 'Dania'

Wuchs Rosettenbildende Staude, zweijährig gezogen. ***Blüten*** In Rosa, Rot, Goldgelb und 2farbig erhältlich; tellerförmig, 2–3 cm breit. Blütezeit Februar–April. ***Blätter*** Lanzettförmig, runzelig; mittelgrün.

- KULTUR 2.
- HÖHE 15 cm.
- BREITE 20 cm.

P. vulgaris 'Dania'
Kissenprimel

P. OBCONICA 'Cantata Lavender'

Wuchs Rosettenbildende Staude, einjährig gezogen. ***Blüten*** Weiß, rosa, rot oder lila; tellerförmig, 2–3 cm breit, in Dolden. Blütezeit Januar–März. ***Blätter*** Derb, eiförmig, gezähnt; mittelgrün.

- KULTUR 2.
- HÖHE 25 cm.
- BREITE 25 cm.

P. obconica
'Cantata Lavender'
Becherprimel

P. Crescendo-Serie

Wuchs Rosettenbildende Stauden, zweijährig gezogen. ***Blüten*** Weiß, rosa, rot, gelb oder blau; tellerförmig, 2–3 cm breit. Blütezeit April–Mai. ***Blätter*** Eiförmig, runzelig; mittel- bis dunkelgrün.

- KULTUR 1 oder 2.
- HÖHE 15 cm.
- BREITE 20 cm.

P. **Crescendo-Serie**
(Elatior-Hybride)
Gartenhimmelsschlüssel

P. VULGARIS Joker-Serie

Wuchs Rosettenbildende Stauden, zweijährig gezogen. ***Blüten*** In verschiedenen Farben, mit gelbem Auge, auch 2farbig erhältlich; tellerförmig, 4–5 cm breit. Blütezeit Februar–April. ***Blätter*** Lanzettförmig, runzelig; mittelgrün.

- KULTUR 2.
- HÖHE 10 cm.
- BREITE 20 cm.

P. vulgaris
Joker-Serie
Kissenprimel

Salbei

Die Gattung Salbei *(Salvia)* umfaßt rund 900 Arten Einjähriger und Zweijähriger sowie immergrüner Stauden, Halbsträucher und Sträucher. Ihre zweilippigen Blüten sitzen quirlständig in aufrechten, mehr oder minder unterbrochenen Scheinähren oder Scheintrauben an verzweigten, vierkantigen Stengeln. Die Oberlippe steht etwas ab und ist helmartig gewölbt, während die Unterlippe flach ausgebreitet wirkt. Oft haben die Blüten auch farbenprächtige röhren-, glocken- oder trichterförmige Kelche und auffällige Hochblätter.

Die vielfältigen Salbeipflanzen eignen sich für verschiedene Gartenbereiche. So sorgen die Züchtungen des Scharlachroten Salbeis *(S. coccinea)* und des Feuer- oder Prachtsalbeis *(S. splendens)* für langhaltende, überreiche Blütenfülle in Beeten, als Füllpflanzen in Mischrabatten oder in Gefäßen. Sie zeigen sich unter günstigen Bedingungen als kurzlebige Stauden, werden jedoch meist einjährig gezogen und sind im ersten Jahr nach der Aussaat am blühfreudigsten. Der Buntschopfsalbei *(S. viridis)* ist die ideale Pflanze für Mischrabatten und Bauerngärten. Er liefert gute Schnittblumen, die getrocknet in Gestekken verwendet werden. In sonnigen Misch- und Staudenrabatten sowie anderen naturnahen Pflanzungen setzen die zweijährigen Sorten und Varietäten des Muskatellersalbeis *(S. sclarea)* vom Sommer bis in den Herbst hinein Farbakzente.

Salbei gedeiht in leichten, mäßig nährstoffreichen, gut durchlässigen, komposthaltigen Böden und bevorzugt vollsonnige bis absonnige Lagen.

Ausgesät wird im März bei 18 °C unter Glas. Sobald die Sämlinge 5–8 cm hoch sind, entfernt man die Triebspitze, damit sie buschig wachsen. Nach den Eisheiligen härtet man die Jungpflanzen ab und setzt sie ins Freie. Zweijährige werden im Sommer durch Aussaat im Freien oder in Gefäßen im kalten Kasten vermehrt und im Herbst ausgepflanzt. In milden Gegenden können sie draußen überwintern, sonst nimmt man sie auf und reserviert ihnen einen hellen Platz im Haus oder unter Glas.

S. FARINACEA 'Alba'
Wuchs Aufrechte, buschige, unten verzweigte Staude, einjährig gezogen. ***Blüten*** Weiß; röhrenförmig, 2lippig, in langen, dichten, schlanken Scheinähren. Blütezeit Mai–Oktober. ***Blätter*** Lanzettförmig, zugespitzt; mittelgrün, Unterseite grauweiß behaart.
- HÖHE 60 cm.
- BREITE 30 cm.

***S. farinacea* 'Alba'**
Ziersalbei,
Mehliger Salbei

☼ ◊ ❄

S. COCCINEA 'Coral Nymph'
Wuchs Aufrechte, buschige Einjährige oder Staude. ***Blüten*** Korallrot; 2lippig, 2 cm lang, in schlanken Scheintrauben aus in Etagen angeordneten Quirlen. Blütezeit Juni–Oktober. ***Blätter*** Ei- bis herzförmig und behaart; dunkelgrün.
- HÖHE 40 cm.
- BREITE 30 cm.

S. coccinea
'Coral Nymph'
Scharlachroter Salbei

☼ ◊ ❄

S. SPLENDENS Carabiniere-Serie
Wuchs Aufrechte, buschige, frühblühende Stauden, einjährig kultiviert. ***Blüten*** Reinweiß, in weiteren Einzelfarben und Mischungen angeboten; 2lippig. Blütezeit Mai–September. ***Blätter*** Eiförmig, zugespitzt, gezähnt; dunkelgrün.
- HÖHE 30 cm.
- BREITE 25 cm.

S. splendens
Carabiniere-Serie
Feuersalbei, Prachtsalbei

☼ ◊ ❄

S. VIRIDIS
Wuchs Aufrechte, buschige Einjährige. ***Blüten*** Rosa bis blaßpurpurn, Hochblätter weiß, rosa oder purpurn; winzig, quirlständig in Scheinähren. Blütezeit Juni–August. ***Blätter*** Ei- bis spatelförmig, behaart; mittelgrün.
- WEITERER NAME *S. horminum.*
- HÖHE 50 cm.
- BREITE 25 cm.

S. viridis
Buntschopfsalbei

☼ ◊ ❄❄❄

S. SPLENDENS Cleopatra-Serie

Wuchs Aufrechte, buschige Stauden, einjährig kultiviert. ***Blüten*** Weiß, lachsrot, rot oder purpurn; 2lippig, in dichten Scheintrauben. Blütezeit Mai–September. ***Blätter*** Eiförmig, zugespitzt, gezähnt; frischgrün.
- HÖHE 30 cm.
- BREITE 25 cm.

S. splendens
Cleopatra-Serie
Feuersalbei, Prachtsalbei

S. SPLENDENS Sizzler-Serie

Wuchs Aufrechte, buschige, frühblühende Stauden, einjährig kultiviert. ***Blüten*** Weiß, lachsrot, kirschrot, purpurn, scharlachrot oder lilablau; 2lippig. Blütezeit Mai–September. ***Blätter*** Eiförmig, zugespitzt, gezähnt; frischgrün.
- HÖHE 30 cm.
- BREITE 25 cm.

S. splendens
Sizzler-Serie
Feuersalbei, Prachtsalbei

S. SPLENDENS 'Flare Path'

Wuchs Aufrechte, buschige Staude, einjährig kultiviert. ***Blüten*** Scharlachrot; 2lippig, in dichten Scheintrauben. Blütezeit Mai–September. ***Blätter*** Eiförmig, zugespitzt, gezähnt; frischgrün.
- HÖHE 30 cm.
- BREITE 20–30 cm.

S. splendens
'Flare Path'
Feuersalbei, Prachtsalbei

S. COCCINEA 'Lady in Red'

Wuchs Aufrechte, buschige Einjährige oder Staude. ***Blüten*** Samtrot; 2lippig, 2 cm lang, in endständigen, schlanken Scheintrauben aus etagenförmig angeordneten Quirlen. Blütezeit Juni–Oktober. ***Blätter*** Ei- bis herzförmig und behaart; dunkelgrün.
- HÖHE 40 cm.
- BREITE 30 cm.

S. coccinea
'Lady in Red'
Scharlachroter Salbei

S. SPLENDENS 'Carabiniere'

Wuchs Aufrechte, buschige, frühblühende Staude, einjährig kultiviert. ***Blüten*** Scharlachrot; röhrenförmig, 2lippig, in dichten Scheintrauben. Blütezeit Mai–September. ***Blätter*** Eiförmig, zugespitzt, gezähnt; dunkelgrün.
- HÖHE 30 cm.
- BREITE 25 cm.

S. splendens **'Carabiniere'** (Carabiniere-Serie)
Feuersalbei, Prachtsalbei

S. VIRIDIS 'Claryssa'

Wuchs Kompakte, reich verzweigte, buschige Einjährige. ***Blüten*** In Einzelfarben oder verschiedenen Tönen, von weißen, rosaroten, purpurnen oder blauen Hochblättern umgeben; winzig, in Scheinähren. Juni–August. ***Blätter*** Ei- bis spatelförmig, behaart; mittelgrün.
- HÖHE 50 cm.
- BREITE 25 cm.

S. viridis **'Claryssa'**
Buntschopfsalbei

S. SCLAREA var. *TURKESTANICA*

Wuchs Verzweigte Stauden oder Zweijährige. ***Blüten*** Weiß, rosa gefleckt, Hochblätter lila, auf rosafarbenen Stengeln; 2lippig. Blütezeit Juni–Juli. ***Blätter*** Schmal eiförmig, runzelig, gekerbt oder gezähnt; mittelgrün.
- HÖHE 1 m.
- BREITE 30 cm.

S. sclarea **var.** *turkestanica*
Muskatellersalbei

S. FARINACEA 'Viktoria'

Wuchs Aufrechte, buschige, unten verzweigte Staude, einjährig gezogen. ***Blüten*** Tiefblau; röhrenförmig, 2lippig, in langen, dichten Scheinähren. Blütezeit Mai–Oktober. ***Blätter*** Lanzettförmig, zugespitzt; mittelgrün, Unterseite weiß.
- HÖHE 60 cm.
- BREITE 30 cm.

S. farinacea **'Viktoria'**
Ziersalbei,
Mehliger Salbei

VERBENE

Unter den rund 250 Arten Einjähriger, Stauden und Halbsträucher der Gattung *Verbena* gibt es eine große Zahl frostempfindlicher Hybriden *(Verbena x hybrida)*, die am besten einjährig gezogen werden. Diese gemeinhin als Gartenverbenen bezeichneten Pflanzen wachsen buschig aufrecht, überhängend oder mattenbildend und haben meist rauh behaarte Blätter. Sie blühen im ersten Jahr nach der Aussaat am schönsten und können in frostgefährdeten Gebieten nicht im Freien überwintert werden. Ihre tellerförmigen, bis 8 cm breiten, zuweilen duftenden Blüten stehen in dichten, doldenartigen Ähren. Von Juni bis zum ersten Frost zeigen sie eine reiche Palette leuchtender Farbtöne.

Gartenverbenen eignen sich besonders gut für Sommerbeete, Einfassungen sowie Sommerblumen- und Mischrabatten und sind häufig auch in Blumenkästen und Ampeln zu sehen. Insbesondere die Sorte 'Imagination', die manchmal als *V. speciosa* 'Imagination' geführt wird, ist mit ihrem niederliegenden Wuchs die ideale Ampel- und Bodendeckerpflanze. Hohe Züchtungen liefern ferner hübsche Schnittblumen.

Setzen Sie Gartenverbenen in feuchte, jedoch gut durchlässige Böden an freien, vollsonnigen Standorten. Bei warmem, trockenem Wetter brauchen sie reichlich Wasser. Für Gefäßkulturen verwendet man Topferde mit oder ohne Lehmanteil unter Zusatz von grobkörnigem Sand. Während des Wachstums sollte reichlich gewässert und alle 2–4 Wochen ein ausgewogener Flüssigdünger gegeben werden.

Ausgesät wird bei 18–21 °C von Februar bis April unter Glas. Es dauert oft 2–3 Wochen, bis die Samen – leider recht unzuverlässig – keimen. Die Jungpflanzen sollten entspitzt werden, damit sie buschig wachsen. Nach den Eisheiligen härtet man sie ab und pflanzt sie ins Freie. Da die Aufzucht aus Samen nicht einfach ist, kaufen Hobbygärtner in der Regel im Mai Jungpflanzen.

Gartenverbenen werden gern von Nacktschnecken, Blattläusen, Thripsen und Zikaden aufgesucht und von Echtem Mehltau befallen.

V. X HYBRIDA Novalis-Serie (weiß)

Wuchs Aufrechte, kompaktbuschige Stauden. ***Blüten*** Reinweiß; stieltellerförmig, mit langer Röhre, in bis 8 cm breiten, doldenartigen Ähren. Blütezeit Juni–Oktober. ***Blätter*** Schmal eiförmig, gezähnt, rauh; mittelgrün.
- HÖHE 25 cm.
- BREITE 30 cm.

V. x hybrida
Novalis-Serie (weiß)
Gartenverbene

V. X HYBRIDA Romance-Serie

Wuchs Aufrechte, kompaktbuschige Stauden. ***Blüten*** Gleichmäßig in roten oder purpurblauen Tönen gefärbt, mit weißem Auge; stieltellerförmig, mit langer Röhre, in doldenartigen Ähren. Blütezeit Juni–Oktober. ***Blätter*** Schmal eiförmig, rauh; mittelgrün.
- HÖHE 25 cm.
- BREITE 30 cm.

V. x hybrida
Romance-Serie
Gartenverbene

V. X HYBRIDA 'Peaches and Cream'

Wuchs Breitwüchsige, gut verzweigte Staude. ***Blüten*** Orangerosa, cremegelb oder apricot; stieltellerförmig, mit langer Röhre, in bis 8 cm breiten, doldenartigen Ähren. Blütezeit Juni–Oktober. ***Blätter*** Schmal eiförmig, rauh; mittelgrün.
- HÖHE 45 cm.
- BREITE 45 cm.

V. x hybrida
'Peaches and Cream'
Gartenverbene

V. X HYBRIDA Sandy-Serie

Wuchs Aufrechte, kompaktbuschige Stauden. ***Blüten*** Weiß, rosa oder rot, zuweilen mit weißem Auge; stieltellerförmig, mit langer Röhre, in bis 8 cm breiten, doldenartigen Ähren. Juni–Oktober. ***Blätter*** Schmal eiförmig, rauh; mittelgrün.
- HÖHE 25 cm.
- BREITE 30 cm.

V. x hybrida
Sandy-Serie
Gartenverbene

V. x HYBRIDA
'Showtime'
Wuchs Aufrechte, buschige, langsamwachsende Staude. ***Blüten*** In vielen leuchtenden Farben erhältlich; stieltellerförmig, mit langer Röhre, in doldenartigen Ähren. Blütezeit Juni–Oktober. ***Blätter*** Schmal eiförmig, gezähnt, rauh; mittelgrün.
- HÖHE 25 cm.
- BREITE 45 cm.

V. x hybrida
'Showtime'
Gartenverbene

V. x HYBRIDA
'Defiance'
Wuchs Aufrechte, buschige, langsamwachsende Staude. ***Blüten*** Tiefrot, mit weißem Auge; stieltellerförmig, mit langer Röhre, in doldenartigen Ähren. Blütezeit Juni–Oktober. ***Blätter*** Schmal eiförmig, gezähnt, rauh; mittel- bis dunkelgrün.
- HÖHE 20 cm.
- BREITE 30 cm.

V. x hybrida
'Defiance'
Gartenverbene

V. x HYBRIDA
'Imagination'
Wuchs Polsterbildende, niederliegende Staude. ***Blüten*** Tief blauviolett; klein, stieltellerförmig, mit langer Röhre, in langgestielten, doldenartigen Ähren. Blütezeit Juni–Oktober. ***Blätter*** Fiederteilig; leuchtendgrün.
- WEITERER NAME *V. speciosa* 'Imagination'.
- HÖHE 30 cm.
- BREITE 50 cm.

V. x hybrida
'Imagination'
Gartenverbene

V. x HYBRIDA
'Deep Blue with Eye'
Wuchs Aufrechte, kompaktbuschige Staude. ***Blüten*** Blau, mit weißem Auge; stieltellerförmig, mit langer Röhre, in doldenartigen Ähren. Blütezeit Juni–Oktober. ***Blätter*** Schmal eiförmig, gezähnt; mittelgrün.
- HÖHE 25 cm.
- BREITE 30 cm.

V. x hybrida **'Deep Blue with Eye'** (Novalis-Serie) Gartenverbene

Compositae/Asteraceae

OSTEOSPERMUM 'Salmon Queen'

Wuchs Aufrechter, immergrüner Halbstrauch, einjährig gezogen. ***Blüten*** Lachsrosa und pfirsichgelb in verschiedenen Pastelltönen, Mitte dunkel goldbraun; 6 cm breite, margeritenähnliche Körbchen, reichblühend. Blütezeit Juli–September. ***Blätter*** Lanzettförmig; mittelgrün.

• HERKUNFT Art: Grasland im südlichen Afrika. Hybridsorte: Züchtung.

• KULTUR In leichte, gut durchlässige, mäßig nährstoffreiche Böden an warmen, sonnigen, geschützten Standorten pflanzen. Für Misch- und Sommerblumenrabatten, Trockenhänge, die Krone von Trockenmauern und Gefäße. Ideale Schnittblumen. Welke Blüten entfernen, um den Flor zu verlängern. Bei frostfreier Überwinterung sind die Pflanzen mehrjährig.

• VERMEHRUNG Durch halbausgereifte Stecklinge im Spätsommer. Sorte ist nicht samenecht. Jungpflanzen frostfrei unter Glas überwintern und nach den Eisheiligen auspflanzen.

HÖHE
30 cm

BREITE
45 cm

Papaveraceae	KALIFORNISCHER MOHN, SCHLAFMÜTZCHEN

ESCHSCHOLZIA CALIFORNICA 'Monarch Art Shades'

Wuchs Straff aufrechte, mattenbildende, reich verzweigte Einjährige. ***Blüten*** Cremeweiß, rot, gelb, apricot oder orange; schalenförmig, halbgefüllt oder gefüllt, 7 cm breit, Kronblätter gefältelt. Blütezeit Juni–Oktober. ***Blätter*** Lanzettförmig, fiederteilig; graugrün.

- HERKUNFT Züchtung.
- KULTUR In kargen, leichten, gut durchlässigen Böden in voller Sonne. Gute Schnittblume.
- VERMEHRUNG Freilandaussaat im Frühjahr.

HÖHE 30 cm

BREITE 15 cm

Papaveraceae	KALIFORNISCHER MOHN, SCHLAFMÜTZCHEN

ESCHSCHOLZIA CALIFORNICA

Wuchs Mattenbildende, reich verzweigte Einjährige. ***Blüten*** Weiß, rot oder gelb, meist jedoch orange; schalenförmig, einfach, 7 cm breit. Blütezeit Juni–Oktober. ***Blätter*** Lanzettförmig, fiederteilig; graugrün.

- HERKUNFT Offenes Grasland von Oregon bis an die kalifornische Küste, USA.
- KULTUR In kargen, leichten, gut durchlässigen Böden in voller Sonne. Gute Schnittblume.
- VERMEHRUNG Freilandaussaat im Frühjahr.

HÖHE 30 cm

BREITE 15 cm

Compositae/Asteraceae	SAFLOR, FÄRBERDISTEL

CARTHAMUS TINCTORIUS 'Goldtuft'

Wuchs Aufrechte Einjährige. ***Blüten*** Röhrenblüten gelborange, Hochblätter grün; distelartige, bis 4 cm große Köpfchen aus quastenartig angeordneten Röhrenblüten, von steifen Hochblättern umgeben. Blütezeit Juli–August. ***Blätter*** Ei- bis lanzettförmig, gelappt oder fiederteilig, stachelig; graugrün.

- HERKUNFT Züchtung.
- KULTUR In leichten, gut durchlässigen Böden in der Sonne. Schöne Schnitt- und Trockenblume.
- VERMEHRUNG Durch Aussaat bei 10–15 °C im März unter Glas oder im April im Freien.

HÖHE 30–60 cm

BREITE 30 cm

Compositae/Asteraceae	PRÄCHTIGE VENIDIE

VENIDIUM FASTUOSUM

Wuchs Breitbuschige Einjährige. ***Blüten*** Orange, mit dunklem Fußfleck und bräunlichpurpurner oder schwarzer Mitte; Körbchen. Juni–September. ***Blätter*** Eiförmig, fiederspaltig, behaart; silberweiß.

- HERKUNFT Trockene Steinböden in Südafrika.
- KULTUR In leichten, feuchten, gut durchlässigen Böden an warmen, sonnigen Standorten. Auch als Zimmer- oder Gewächshauspflanze geeignet.
- VERMEHRUNG Aussaat bei 16–18 °C im zeitigen Frühjahr oder ganzjährig durch Stecklinge.
- WEITERER NAME *Arctotis fastuosa*.

Min. 5 °C

HÖHE 30–60 cm

BREITE 30 cm

Compositae/Asteraceae	

URSINIA ANTHEMOIDES

Wuchs Buschige, aufrechte Einjährige. ***Blüten*** Orangegelbe Strahlen, außen rotviolett oder kupferrot überlaufen, Mitte mit purpurnem Ring; bis 6 cm breite Körbchen, einzeln auf Stengeln. Juli–September. ***Blätter*** Fiederteilig, duftend; leuchtendgrün.

- HERKUNFT Trockensavannen in Südafrika.
- KULTUR In leichten, sandigen, gut durchlässigen Böden an warmen, sonnigen Standorten. Füllpflanze für Rabatten oder Schnittblume.
- VERMEHRUNG Durch Aussaat bei 13–18 °C unter Glas im April oder im Freiland ab Mai.

☼ ◊ ❄

HÖHE
40 cm

BREITE
30 cm

Cruciferae/Brassicaceae	GOLDLACK

CHEIRANTHUS CHEIRI Bedder-Serie

Wuchs Kompakte immergrüne Halbsträucher, zweijährig gezogen. ***Blüten*** Rot, gelb oder orange; duftend, mit 4 Kronblättern, bis 3 cm breit, in Trauben. April–Juni. ***Blätter*** Lanzettförmig; dunkelgrün.

- HERKUNFT Züchtung.
- KULTUR In nährstoffreichen, gut durchlässigen, kalkhaltigen Böden in der Sonne. Für Frühjahrsblumenbeete.
- VERMEHRUNG Aussaat im Saatbeet von Mai bis Juli.
- WEITERER NAME *Erysimum cheiri* Bedder-Serie.

☼ ◊ ❄❄❄

HÖHE
25–30 cm

BREITE
25–30 cm

Amaranthaceae	DREIFARBEN-FUCHSSCHWANZ, GANGES-FUCHSSCHWANZ

AMARANTHUS TRICOLOR 'Joseph's Coat'

Wuchs Buschige Einjährige. ***Blüten*** Rot oder grün; Zierwert unbedeutend, in Scheinähren. Blütezeit Juli–September. ***Blätter*** Eiförmig; obere karminrot und goldgelb gefleckt, untere schokoladebraun, grün und gelb.

- HERKUNFT Züchtung.
- KULTUR In feuchten, nährstoffreichen Humusböden an geschützten, sonnigen Standorten ziehen. Dekorative Beet- oder kurzlebige Zimmerpflanze.
- VERMEHRUNG Aussaat bei 20 °C ab April.

☼ ◊ ❄

HÖHE
Bis 45 cm

BREITE
45 cm

Scrophulariaceae	FREILAND-PANTOFFELBLUME

CALCEOLARIA INTEGRIFOLIA 'Sunshine'

Wuchs Kompakter Halbstrauch, zweijährig gezogen. ***Blüten*** Tiefgelb; aufgeblasen, pantoffelähnlich. Mai–September. ***Blätter*** Lanzettförmig; mittelgrün.
• HERKUNFT Züchtung.
• KULTUR In leichten, schwach sauren Böden in der Sonne oder im Halbschatten. Ideale Beet- und Zimmerpflanze. Unter Glas in Topferde mit Lehmanteil setzen und hell stellen. Reichlich gießen.
• VERMEHRUNG Durch halbausgereifte Stecklinge im Spätsommer.

HÖHE
20 cm

BREITE
20 cm

Tropaeolaceae	

TROPAEOLUM Alaska-Serie

Wuchs Kompakte, buschige Einjährige.
Blüten Cremeweiß, rot, mahagonibraun, gelb oder orange; trichterförmig, einfach, bis 6 cm breit. Blütezeit Juli–Oktober. ***Blätter*** Schildförmig; hellgrün, cremeweiß panaschiert.
• HERKUNFT Züchtung.
• KULTUR In kargen, leichten, gut durchlässigen Böden in der Sonne ziehen. Hübsch im Vordergrund einer Rabatte oder auf sonnigen Böschungen.
• VERMEHRUNG Aussaat unter Glas bei 13–16 °C im April oder Mai oder im Freiland ab Mitte Mai.

HÖHE
30 cm

BREITE
45 cm

Scrophulariaceae	ELFENSPIEGEL

NEMESIA STRUMOSA Triumph-Serie

Wuchs Unten verzweigte Einjährige. ***Blüten*** Rot, gelb oder orange; unregelmäßig trichterförmig, 3 cm breit, in endständigen, doldenartigen Trauben. Juni–September. ***Blätter*** Lanzettförmig; mittelgrün.
• HERKUNFT Züchtung.
• KULTUR Bevorzugt mäßig nährstoffreiche, feuchte, jedoch gut durchlässige, schwach saure Böden und vollsonnige Standorte. Für Beete, Misch- oder Sommerblumenrabatten sowie Topfkultur geeignet.
• VERMEHRUNG Im März oder April bei 15 °C unter Glas aussäen. Ab Mitte Mai auspflanzen.

HÖHE
20 cm

BREITE
15 cm

Compositae/Asteraceae	GARTENRINGELBLUME, SONNWENDBLUME, GOLDBLUME

CALENDULA OFFICINALIS 'Fiesta Gitana'

Wuchs Kompakte, buschige Einjährige. ***Blüten*** Hellgelb oder orange in Pastelltönen; gefüllte, bis 10 cm breite Körbchen. Blütezeit Juni–Oktober.
Blätter Lanzett- bis spatelförmig; leuchtendgrün.
• HERKUNFT Züchtung.
• KULTUR Wächst in allen gut durchlässigen Böden in der Sonne. Für Beete, Gefäße und Vasenschnitt. Welke Blüten regelmäßig entfernen.
• VERMEHRUNG Freilandaussaat im Frühjahr oder Herbst.

HÖHE
30 cm

BREITE
25 cm

Compositae/Asteraceae	RAUHER SONNENHUT, SOMMERBLUMEN-RUDBECKIE

RUDBECKIA HIRTA 'Marmalade'

Wuchs Buschige Zweijährige oder Staude, einjährig gezogen. ***Blüten*** Goldorange, mit purpurbrauner, hochgewölbter Mitte; Körbchen. Blütezeit Juli–Oktober. ***Blätter*** Ei- bis rautenförmig; mittelgrün.
- HERKUNFT Züchtung.
- KULTUR In nährstoffreichen, feuchten, gut durchlässigen Böden. Hervorragende Rabatten- und Schnittblume.
- VERMEHRUNG Aussaat bei 16–18 °C unter Glas im Frühjahr. Nach den Eisheiligen auspflanzen.
- WEITERER NAME *R. gloriosa* 'Marmalade'.

HÖHE 45 cm

BREITE 30 cm

Papaveraceae	KALIFORNISCHER MOHN, SCHLAFMÜTZCHEN

ESCHSCHOLZIA CALIFORNICA 'Prachtmischung'

Wuchs Mattenbildende, reich verzweigte Einjährige. ***Blüten*** Weiß-, Rot-, Gelb- oder Orangetöne; schalenförmig, einfach, 7 cm breit, glänzend. Juni–Oktober. ***Blätter*** Lanzettförmig, fiederteilig; graugrün.
- HERKUNFT Offenes Grasland von Oregon bis an die kalifornische Küste, USA.
- KULTUR In kargen, leichten, gut durchlässigen Böden in voller Sonne. Gute Schnittblume.
- VERMEHRUNG Freilandaussaat im Frühjahr oder Herbst.

HÖHE 30 cm

BREITE 15 cm

Cruciferae/Brassicaceae	GOLDLACK

CHEIRANTHUS CHEIRI 'Orange Bedder'

Wuchs Kompakter, immergrüner Halbstrauch, zweijährig gezogen. ***Blüten*** Kräftig orange; duftend, mit 4 Kronblättern, in kurzen Trauben. Blütezeit April–Juni. ***Blätter*** Lanzettförmig; dunkelgrün.
- HERKUNFT Züchtung.
- KULTUR In nährstoffreichen, gut durchlässigen, vorzugsweise kalkhaltigen Böden in der Sonne. Für Frühjahrsblumenbeete. Gehört zur Bedder-Serie.
- VERMEHRUNG Aussaat im Saatbeet von Mai bis Juli.
- WEITERER NAME *Erysimum cheiri* 'Orange Bedder'.

HÖHE 25–30 cm

BREITE 25–30 cm

Compositae/Asteraceae	EINJÄHRIGE KOKARDENBLUME, MALERBLUME

GAILLARDIA PULCHELLA 'Lollipops'

Wuchs Buschige, aufrechte Einjährige. ***Blüten*** Rot und gelb; dichtgefüllte, bis 5 cm breite Körbchen. Juni–September. ***Blätter*** Lanzettförmig; graugrün.
- HERKUNFT Züchtung.
- KULTUR In nährstoffreichen, gut durchlässigen Böden in der Sonne. Für Misch- und Sommerblumenrabatten sowie zum Schnitt geeignet. Lange anhaltender Flor, wenn man die welken Blüten entfernt.
- VERMEHRUNG Aussaat unter Glas bei 13–18 °C ab Ende März oder im Freiland ab Ende April.

HÖHE 30 cm

BREITE 30 cm

Tropaeolaceae	

TROPAEOLUM Jewel-Serie

Wuchs Kompakte, buschige Einjährige. ***Blüten*** Rosa, scharlach- bzw. karminrot oder gelb; trichterförmig, halbgefüllt oder gefüllt. Blütezeit Juli–Oktober. ***Blätter*** Schildförmig; hellgrün.
- HERKUNFT Züchtung.
- KULTUR In kargen, leichten, durchlässigen Böden in der Sonne. Für den Vordergrund einer Rabatte oder sonnige Böschungen. Zu nährstoffreicher Untergrund fördert das Blattwachstum.
- VERMEHRUNG Aussaat unter Glas bei 13–16 °C im April oder Mai oder im Freiland ab Mitte Mai.

HÖHE 30 cm

BREITE 45 cm

Scrophulariaceae	

CALCEOLARIA 'Bright Bikinis' Mischung

Wuchs Kompakte Zweijährige. ***Blüten*** In Rot, Gelb oder Orange erhältlich; aufgeblasen, pantoffelähnlich, in dichten, doldentraubigen Blütenständen. Blütezeit April–Mai. ***Blätter*** Eiförmig; mittelgrün.
- HERKUNFT Züchtung.
- KULTUR Als Zimmerpflanze in Topferde mit Lehmanteil setzen und in helles, gefiltertes Licht stellen. Reichlich gießen und monatlich einen ausgewogenen Dünger zugeben.
- VERMEHRUNG Durch Aussaat bei 18 °C (Lichtkeimer) im Frühjahr oder Spätsommer.

HÖHE 20 cm

BREITE 20 cm

Compositae/Asteraceae	GARTENSTROHBLUME

HELICHRYSUM BRACTEATUM 'Bright Bikini' Mischung

Wuchs Aufrechte Einjährige. ***Blüten*** Weiß, rosa, rot, orange oder gelb; gefüllte Körbchen. Blütezeit Juli–September. ***Blätter*** Lanzettförmig; mittelgrün.
- HERKUNFT Züchtung.
- KULTUR Bevorzugt feuchte, durchlässige, mäßig nährstoffreiche Böden und vollsonnige Plätze. Schnitt- und Trockenblume. Für Rabatten und Schalen.
- VERMEHRUNG Durch Aussaat bei 18 °C im März.
- WEITERER NAME *Bracteantha bracteata* 'Bright Bikini' Mischung.

HÖHE 30 cm

BREITE 30 cm

Onagraceae	GODETIE, ATLASBLUME

CLARKIA AMOENA Princess-Serie Lachsfarbene Mischung

Wuchs Zierliche, aufrechte Einjährige. ***Blüten*** Lachsrot; trichterförmig, mit gefransten Kronblättern. Juni–September. ***Blätter*** Lanzettförmig; mittelgrün.
- HERKUNFT Züchtung.
- KULTUR Für feuchte, jedoch gut durchlässige, mäßig nährstoffreiche Böden und sonnige bis halbschattige Lagen. Ideale Schnittblume.
- VERMEHRUNG Freilandaussaat ab Mitte April.
- WEITERE NAMEN *Godetia amoena* Princess-Serie, *G. grandiflora* Princess-Serie.

HÖHE 30 cm

BREITE 30 cm

Cruciferae/Brassicaceae	GOLDLACK

CHEIRANTHUS CHEIRI 'Fire King'

Wuchs Immergrüner Halbstrauch, zweijährig gezogen. ***Blüten*** Feuerrot; duftend, mit 4 Kronblättern, bis 3 cm breit, in kurzen Trauben. Blütezeit April–Juni. ***Blätter*** Lanzettförmig; dunkelgrün.
• HERKUNFT Züchtung.
• KULTUR In nährstoffreichen, gut durchlässigen, vorzugsweise kalkhaltigen Böden in der Sonne. Ideal für Frühjahrsblumenbeete. Eine sehr verläßliche Sorte.
• VERMEHRUNG Aussaat im Saatbeet von Mai bis Juli.
• WEITERER NAME *Erysimum cheiri* 'Fire King'.

☼ ◊
❄❄❄

HÖHE
40 cm

BREITE
30 cm

Solanaceae	SPANISCHER PFEFFER, PAPRIKA

CAPSICUM ANNUUM 'Holiday Time'

Wuchs Buschiger, immergrüner Halbstrauch, einjährig gezogen. ***Blüten*** Weiß oder gelb; sternförmig. Blütezeit Juni–September. ***Blätter*** Eiförmig; mittelgrün. ***Früchte*** Zapfenförmig; zuerst gelb, dann rot.
• HERKUNFT Züchtung.
• KULTUR In nährstoffhaltigen, gut durchlässigen, mit organischer Materie angereicherten Böden in voller Sonne. Für Blumenkästen und andere Gefäße sowie als kurzlebige Zimmer- oder Gewächshauspflanze geeignet.
• VERMEHRUNG Aussaat bei 21 °C im Spätwinter.

☼ ◊

Min. 4 °C

HÖHE
20–30 cm

BREITE
20–30 cm

Solanaceae	KORALLENSTRAUCH, KORALLENBÄUMCHEN

SOLANUM PSEUDOCAPSICUM 'Balloon'

Wuchs Immergrüner Strauch, einjährig gezogen. ***Blüten*** Weiß; sternförmig. Sommer. ***Blätter*** Eiförmig, gebuchtet; dunkelgrün. ***Früchte*** Zuerst cremeweiße, dann orangerote Beeren.
• HERKUNFT Züchtung.
• KULTUR Als Zimmer- oder Gewächshauspflanze an hellen Standorten in Topferde. Alle 2 Wochen einen konzentrierten Kaliumdünger verabreichen. Reichlich wässern, direkte Sonne meiden.
• VERMEHRUNG Aussaat bei 18–20 °C im Frühjahr oder halbausgereifte Stecklinge im Spätsommer.

☼ ◊

Min. 5 °C

HÖHE
30 cm

BREITE
30–45 cm

Solanaceae	KORALLENSTRAUCH, KORALLENBÄUMCHEN

SOLANUM PSEUDOCAPSICUM 'Red Giant'

Wuchs Immergrüner Strauch. ***Blüten*** Sternförmig. Blütezeit Sommer. ***Blätter*** Eiförmig; dunkelgrün. ***Früchte*** Runde, 2–3 cm große, orangerote Beeren.
• HERKUNFT Züchtung.
• KULTUR Als Zimmer- oder Gewächshauspflanze an hellen Standorten in Topferde mit oder ohne Lehmanteil pflanzen und alle 2 Wochen einen konzentrierten Kaliumdünger verabreichen. Reichlich wässern, direkte Sonne meiden.
• VERMEHRUNG Aussaat bei 18–20 °C im Frühjahr oder halbausgereifte Stecklinge im Spätsommer.

☼ ◊

Min. 5 °C

HÖHE
30 cm

BREITE
30 cm

Amaranthaceae	FEDERBUSCH-CELOSIE

CELOSIA PLUMOSA 'Apricot Brandy'

Wuchs Buschige Einjährige. ***Blüten*** Tief orangerot; winzig, in dichten, endständigen, federbuschähnlichen, bis 25 cm langen Ähren. Blütezeit Juli–September. ***Blätter*** Ei- bis lanzettförmig; blaßgrün.

- HERKUNFT Züchtung.
- KULTUR In nährstoffreiche, feuchte, jedoch gut durchlässige Böden an warmen, geschützten Standorten pflanzen. Für Sommerblumenbeete. Schöne Schnitt- und Trockenblume.
- VERMEHRUNG Aussaat bei 18 °C im März/April.

HÖHE
Bis 50 cm

BREITE
30 cm

Amaranthaceae	FEDERBUSCH-CELOSIE

CELOSIA PLUMOSA 'Fairy Fountains'

Wuchs Buschige Einjährige. ***Blüten*** Weiß, rosa, rot oder apricot; winzig, in federbuschähnlichen, bis 15 cm langen Ähren. Blütezeit Juli–September. ***Blätter*** Ei- bis lanzettförmig; blaßgrün.

- HERKUNFT Züchtung.
- KULTUR In nährstoffreichen, feuchten, jedoch gut durchlässigen Böden an warmen, geschützten Standorten. Eignet sich als Schnitt- und Trockenblume sowie für Sommerblumenbeete.
- VERMEHRUNG Aussaat bei 18 °C im März/April.

HÖHE
40 cm

BREITE
30 cm

Tropaeolaceae	

TROPAEOLUM Whirlybird-Serie

Wuchs Kompakte, buschige Einjährige.
Blüten Cremeweiß, rosa, scharlachrot, gelb oder orange; trichterförmig, einfach oder halbgefüllt. Juli–Oktober. ***Blätter*** Schildförmig; hellgrün.

- HERKUNFT Züchtung.
- KULTUR In kargen, leichten, gut durchlässigen Böden in der Sonne. Hübsch im Vordergrund einer Rabatte, auf trockenen, sonnigen Böschungen und in Balkonkästen.
- VERMEHRUNG Aussaat in Töpfen bei 13–16 °C im April oder Mai oder im Freiland ab Mitte Mai.

HÖHE
25 cm

BREITE
35 cm

Campanulaceae/ Lobeliaceae	MÄNNERTREU

LOBELIA ERINUS 'Schneeball'

Wuchs Buschige, kompakte Staude, einjährig gezogen. ***Blüten*** Strahlendweiß; röhrenförmig, 2lippig, 1 cm breit, in lockeren Trauben. Blütezeit Juni–September. ***Blätter*** Sehr klein, eiförmig bis linealisch, glänzend; mittelgrün.

- HERKUNFT Züchtung.
- KULTUR In nährstoffreichen, feuchten, gut durchlässigen Böden an sonnigen bis halbschattigen Standorten. Für Einfassungen und Gefäße.
- VERMEHRUNG Durch Aussaat bei 13–18 °C im Februar oder März unter Glas. Im Mai auspflanzen.

HÖHE 15 cm

BREITE 15 cm

Cruciferae/Brassicaceae	DUFTSTEINRICH, STRANDSTEINKRAUT

LOBULARIA MARITIMA 'Klein Dorrit'

Wuchs Breitwüchsige, locker verzweigte Einjährige. ***Blüten*** Weiß; klein, kreuzförmig, nach Honig duftend, in rundlichen Trauben mit 3 cm Durchmesser oder mehr. Blütezeit Juni–September. ***Blätter*** Lanzettförmig, leicht behaart; graugrün.

- HERKUNFT Züchtung.
- KULTUR Gedeiht am besten in leichten Böden. Ideal für Einfassungen und Pflanzgefäße.
- VERMEHRUNG Aussaat bei 10–13 °C ab Ende März unter Glas oder Ende April im Freien.
- WEITERER NAME *Alyssum maritimum* 'Klein Dorrit'.

HÖHE 10 cm

BREITE 20–30 cm

Compositae/Asteraceae	LEBERBALSAM, BLAUSTERNCHEN

AGERATUM HOUSTONIANUM 'Hawaii White'

Wuchs Buschiger, kompakter Halbstrauch, einjährig gezogen. ***Blüten*** Weiß; winzig, feinblättrig, in rundlichen, bis 10 cm breiten Körbchen. Blütezeit Juli–Oktober. ***Blätter*** Eiförmig, an der Basis herzförmig, flaumig behaart; mittelgrün.

- HERKUNFT Züchtung.
- KULTUR In feuchten, gut durchlässigen Böden. Für Beete, Einfassungen und Pflanzgefäße.
- VERMEHRUNG Aussaat bei 16–18 °C im März oder Herbst. Herbstsämlinge bei 10 °C überwintern.

HÖHE 15 cm

BREITE 15–30 cm

Boraginaceae	WALDVERGISSMEINNICHT

MYOSOTIS SYLVATICA 'Snowball'

Wuchs Rundliche, kompakte Zweijährige oder kurzlebige Staude. ***Blüten*** Weiß, mit gelbem Auge; klein, tellerförmig, 1 cm breit, in traubenförmigen Wickeln. Blütezeit April–Juni. ***Blätter*** Ei- bis lanzettförmig, behaart; mittelgrün.

- HERKUNFT Züchtung.
- KULTUR Verträgt karge Böden. Für Frühjahrsbeete, Naturgärten und Gehölzpartien.
- VERMEHRUNG Durch Aussaat im kalten Kasten oder Anzuchtbeet von Juni bis Juli. Samen abdecken (Dunkelkeimer).

Min. -15 °C

HÖHE 15 cm

BREITE 15 cm

Cruciferae	SCHEINVEILCHEN

IONOPSIDIUM ACAULE 🏆

Wuchs Kompakte Einjährige. ***Blüten*** Weiß, blau oder violett überlaufen; klein, sternförmig, duftend, einzeln in den Blattachseln. Blütezeit Juli–September. ***Blätter*** Rund bis eiförmig, 3lappig oder ungeteilt, in grundständigen Rosetten; mittelgrün.

- HERKUNFT Portugal.
- KULTUR In feuchte, gut durchlässige Böden an halbschattigen Plätzen pflanzen. Neigt zur Selbstaussaat. Für Pflasterfugen, Einfassungen und Steingärten geeignet.
- VERMEHRUNG Freilandaussaat von Mai bis August.

HÖHE
5–8 cm

BREITE
2,5 cm

Campanulaceae/ Lobeliaceae	MÄNNERTREU

LOBELIA ERINUS 'Colour Cascade' 🏆

Wuchs Niederliegende Staude, einjährig gezogen. ***Blüten*** Weiß, rosa, dunkelrot, karminrot, violett und blau, meist mit weißem Auge; röhrenförmig, 2lippig, 1 cm breit. Blütezeit Juni–September. ***Blätter*** Sehr klein, eiförmig bis linealisch; mittelgrün.

- HERKUNFT Züchtung.
- KULTUR In nährstoffreichen, feuchten, gut durchlässigen Böden in der Sonne oder im Halbschatten. Für Ampeln und andere Gefäße.
- VERMEHRUNG Durch Aussaat bei 13–18 °C im Februar oder März unter Glas. Im Mai auspflanzen.

HÖHE
15 cm

BREITE
15 cm

Cruciferae/Brassicaceae	DUFTSTEINRICH, STRANDSTEINKRAUT

LOBULARIA MARITIMA Easter-Bonnet-Serie

Wuchs Sehr kompakte Einjährige. ***Blüten*** Weiß, rosa oder purpurrot; kreuzförmig, nach Honig duftend, in rundlichen Trauben. Blütezeit Juni–Oktober. ***Blätter*** Lanzettförmig, behaart; graugrün.

- HERKUNFT Züchtung.
- KULTUR Ideal für Einfassungen und Pflanzgefäße.
- VERMEHRUNG Aussaat bei 10–13 °C ab Ende März unter Glas oder Ende April im Freien.
- WEITERER NAME *Alyssum maritimum* Easter-Bonnet-Serie.

HÖHE
8–10 cm

BREITE
10 cm

Compositae/Asteraceae	GÄNSEBLÜMCHEN, TAUSENDSCHÖN

BELLIS PERENNIS 'Goliath'

Wuchs Robuste, rosettenbildende Staude, zweijährig kultiviert. ***Blüten*** Weiß, rosa, leuchtendrot und lachsrot; dichtgefüllt, bis 8 cm breit. Blütezeit März–Juni. ***Blätter*** Lanzett- bis spatelförmig; leuchtendgrün.

- HERKUNFT Züchtung.
- KULTUR Verträgt halbschattige Standorte. Verwelkte Blüten regelmäßig abknipsen. Für Beete und Einfassungen.
- VERMEHRUNG Aussaat im Saatbeet im Juni oder Juli bzw. bei 10–13 °C im Februar oder März unter Glas oder Teilung nach der Blüte.

HÖHE
20 cm

BREITE
20 cm

Compositae/Asteraceae	GÄNSEBLÜMCHEN, TAUSENDSCHÖN

BELLIS PERENNIS 'Teppich' Mischung

Wuchs Robuste, rosettenbildende Stauden, zweijährig kultiviert. ***Blüten*** Weiß, rosa oder rot; gleichmäßig und gut gefüllt, 2–5 cm breit. Blütezeit März–Juni. ***Blätter*** Lanzett- bis spatelförmig, glänzend; leuchtendgrün.

- HERKUNFT Züchtung.
- KULTUR Verträgt halbschattige Standorte. Verwelkte Blüten entfernen. Für Beete und Einfassungen.
- VERMEHRUNG Aussaat im Saatbeet im Juni oder Juli bzw. bei 10–13 °C im Februar/März unter Glas oder Teilung nach der Blüte.

☼ ◊ ❄❄❄

HÖHE 15 cm

BREITE 15 cm

Aizoaceae	MITTAGSBLUME

DOROTHEANTHUS BELLIDIFORMIS Magic-Carpet-Serie

Wuchs Kriechend wachsende Einjährige. ***Blüten*** Weiß, cremegelb, rosa, purpurn oder orange; bis 4 cm breite Körbchen, einzeln. Juli–September. ***Blätter*** Fleischig, ei- bis spatelförmig; hellgrün.

- HERKUNFT Züchtung.
- KULTUR In kargen, stark durchlässigen Böden.
- VERMEHRUNG Durch Aussaat bei 16–19 °C im März oder April unter Glas. Mitte Mai auspflanzen.
- WEITERER NAME *Mesembryanthemum criniflorum* Magic-Carpet-Serie.

☼ ◊ ❄

HÖHE 15 cm

BREITE 30 cm

Polemoniaceae	EINJAHRESPHLOX, FLAMMENBLUME

PHLOX DRUMMONDII 'Bright Eyes'

Wuchs Kompakte, dichte, reichblühende Einjährige. ***Blüten*** Rosa, mit kontrastierendem Auge, auch als Farbmischung angeboten; tellerförmig, 2–3 cm breit. Blütezeit Juli–September. ***Blätter*** Schmal lanzett- bis eiförmig, stengelumfassend; mittelgrün.

- HERKUNFT Züchtung.
- KULTUR In nährstoffreiche, gut durchlässige Böden in der Sonne pflanzen. Ideal für Beete und Einfassungen.
- VERMEHRUNG Aussaat bei 13–18 °C unter Glas im März. Nach den Eisheiligen auspflanzen.

☼ ◊ ❄❄

HÖHE 10 cm

BREITE 20 cm

Boraginaceae	WALDVERGISSMEINNICHT

MYOSOTIS SYLVATICA 'Victoria Rosa'

Wuchs Rundliche, kompakte Zweijährige oder kurzlebige Staude. ***Blüten*** Leuchtend rosarot, mit gelbem Auge; klein, tellerförmig, 1 cm breit. Blütezeit April–Juni. ***Blätter*** Ei- bis lanzettförmig, behaart; mittelgrün.

- HERKUNFT Züchtung.
- KULTUR Verträgt karge Böden. Für Frühjahrsbeete und Balkonkästen.
- VERMEHRUNG Durch Aussaat im kalten Kasten oder im Saatbeet von Juni bis Juli. Samen abdecken, da Dunkelkeimer.

◑ ◊

Min. -15 °C

HÖHE 10 cm

BREITE 10 cm

Compositae/Asteraceae	GÄNSEBLÜMCHEN, TAUSENDSCHÖN

BELLIS PERENNIS 'Pomponette'

Wuchs Robuste, rosettenbildende Staude, zweijährig kultiviert. ***Blüten*** Weiß, rosa und rot; dichtgefüllte, pomponartige, 4 cm breite Körbchen aus Röhrenblüten. Blütezeit März–Juni. ***Blätter*** Lanzett- bis spatelförmig; leuchtendgrün.

- HERKUNFT Züchtung.
- KULTUR Für Beete und Einfassungen. Verträgt Halbschatten. Welke Blüten regelmäßig abknipsen.
- VERMEHRUNG Durch Aussaat im Saatbeet im Juni oder Juli bzw. bei 10–13 °C im Februar oder März unter Glas oder durch Teilung nach der Blüte.

☼ 💧 ❄❄❄

HÖHE 10–15 cm

BREITE 10–15 cm

Amaranthaceae	KUGELAMARANT

GOMPHRENA GLOBOSA 'Buddy'

Wuchs Buschige, aufrechte Einjährige. ***Blüten*** Leuchtend purpurviolett; winzig, in bis 4 cm großen, kleeähnlichen, länglichen Köpfchen, auf kräftigen Stengeln. Blütezeit Juli–Oktober. ***Blätter*** Ei- bis spatelförmig, Jungblätter dichtbehaart; graugrün.

- HERKUNFT Züchtung.
- KULTUR Braucht mäßig nährstoffreiche, gut durchlässige Böden und Sonne. Ideal zum Schneiden und Trocknen oder für Einfassungen.
- VERMEHRUNG Aussaat bei 15–18 °C Ende März unter Glas.

☼ 💧 ❄

HÖHE 15 cm

BREITE 20 cm

Polemoniaceae	EINJAHRESPHLOX, FLAMMENBLUME

PHLOX DRUMMONDII 'Chanal'

Wuchs Kompakte, breitwüchsige, reichblühende Einjährige. ***Blüten*** Zartrosa; tellerförmig, 2–3 cm breit, in Trugdolden. Blütezeit Juli–September. ***Blätter*** Ei- bis lanzettförmig, stengelumfassend; mittelgrün.

- HERKUNFT Züchtung.
- KULTUR In nährstoffreichen, gut durchlässigen Böden in der Sonne. Gut für Beete und Einfassungen geeignet.
- VERMEHRUNG Aussaat bei 13–18 °C unter Glas im März. Nach den Eisheiligen auspflanzen.

☼ 💧 ❄❄

HÖHE 15–20 cm

BREITE 15–25 cm

Cruciferae/Brassicaceae	DUFTSTEINRICH, STRANDSTEINKRAUT

LOBULARIA MARITIMA 'Wunderland'

Wuchs Kompakte Einjährige. ***Blüten*** Rosarot; kreuzförmig, nach Honig duftend, in rundlichen, 2–3 cm breiten Doldentrauben. Blütezeit Juni–Oktober. ***Blätter*** Lanzettförmig, leicht behaart; graugrün.

- HERKUNFT Züchtung.
- KULTUR Ideal für Einfassungen und Gefäße.
- VERMEHRUNG Aussaat bei 10–13 °C Ende März unter Glas oder Ende April im Freien.
- WEITERER NAME *Alyssum maritimum* 'Wunderland'.

☼ 💧 ❄❄❄

HÖHE 15 cm

BREITE 20 cm

Polemoniaceae	EINJAHRESPHLOX, FLAMMENBLUME

PHLOX DRUMMONDII Cäcilie-Serie

Wuchs Schmal aufrecht wachsende, reichblühende Einjährige. ***Blüten*** Weiß, rosa, rot, purpurn oder blau, meist mit kontrastierendem Auge; tellerförmig, 2–3 cm breit. Blütezeit Juli–September. ***Blätter*** Schmal lanzett- bis eiförmig, stengelumfassend; mittelgrün.

- HERKUNFT Züchtung.
- KULTUR In nährstoffreichen, durchlässigen Böden in der Sonne. Gut für Beete und Einfassungen.
- VERMEHRUNG Aussaat bei 13–18 °C unter Glas im März. Nach den Eisheiligen auspflanzen.

HÖHE
15 cm

BREITE
10 cm

Polemoniaceae	EINJAHRESPHLOX, FLAMMENBLUME

PHLOX DRUMMONDII 'Sternenzauber'

Wuchs Kompakte, reichblühende Einjährige. ***Blüten*** Verschiedene Rosatöne, oft andersfarbig gerandet; gesternt, 2 cm breit, mit gezackten Kronblättern. Blütezeit Juli–September. ***Blätter*** Schmal lanzett- bis eiförmig; blaßgrün.

- HERKUNFT Züchtung.
- KULTUR In fetten, durchlässigen Böden in der Sonne. Für Beete, Einfassungen und Gefäße.
- VERMEHRUNG Aussaat bei 13–18 °C unter Glas im März. Nach den Eisheiligen auspflanzen.
- WEITERER NAME *P. drummondii* 'Twinkle'.

HÖHE
15 cm

BREITE
10 cm

Campanulaceae/ Lobeliaceae	MÄNNERTREU

LOBELIA ERINUS 'Red Cascade'

Wuchs Niederliegende Staude, einjährig gezogen. ***Blüten*** Tief karmin- bis purpurrot, mit weißem Auge; röhrenförmig, 2lippig, 1 cm breit. Blütezeit Juni–September. ***Blätter*** Sehr klein, eiförmig bis linealisch; mittelgrün.

- HERKUNFT Züchtung.
- KULTUR In nährstoffreichen, feuchten, gut durchlässigen Böden in der Sonne oder im Halbschatten. Für Ampeln und andere Gefäße.
- VERMEHRUNG Durch Aussaat bei 13–18 °C im Februar oder März unter Glas. Mitte Mai auspflanzen.

HÖHE
15 cm

BREITE
15 cm

Portulacaceae	PORTULAKRÖSCHEN, GROSSBLÜTIGER PORTULAK

PORTULACA GRANDIFLORA 'Cloudbeater'

Wuchs Niederliegende Einjährige mit fleischigen Trieben und Blättern. ***Blüten*** Magentarot, mit gelben Staubblättern; becherförmig, gefüllt, 4–5 cm breit, seidig. Blütezeit Juni–August. ***Blätter*** Stielrund, fleischig; leuchtendgrün.
• HERKUNFT Züchtung.
• KULTUR In kargen, leichten Sandböden. Ideal für Gefäße, Trockenhänge und Mauerkronen.
• VERMEHRUNG Aussaat bei 13–18 °C unter Glas im März. Ende Mai auspflanzen.

HÖHE
10–15 cm

BREITE
15 cm

Portulacaceae	PORTULAKRÖSCHEN, GROSSBLÜTIGER PORTULAK

PORTULACA GRANDIFLORA 'Sundance' F2-Hybride

Wuchs Sich ausbreitende, halbniederliegende Einjährige. ***Blüten*** Weiß, rot, gelb oder orange; becherförmig, halbgefüllt oder gefüllt, seidig. Juni–September. ***Blätter*** Stielrund, fleischig; leuchtendgrün.
• HERKUNFT Züchtung.
• KULTUR In kargen, leichten Sandböden. Ideal für Blumenkästen, Schalen, sonnige Trockenhänge und die Krone von Trockenmauern.
• VERMEHRUNG Aussaat bei 13–18 °C unter Glas im März. Ende Mai auspflanzen.

HÖHE
15 cm

BREITE
15 cm

Polemoniaceae	EINJAHRESPHLOX, FLAMMENBLUME

PHLOX DRUMMONDII 'African Sunset'

Wuchs Kompakte, dichte, reichblühende Einjährige. ***Blüten*** In verschiedenen Rottönen erhältlich, mit weißem Auge; tellerförmig, 2–3 cm breit. Blütezeit Juli–September. ***Blätter*** Schmal lanzett- bis eiförmig, stengelumfassend; mittelgrün.
• HERKUNFT Züchtung.
• KULTUR In nährstoffreichen, durchlässigen Böden in der Sonne. Für Beete und Einfassungen.
• VERMEHRUNG Aussaat bei 13–18 °C unter Glas im März. Nach den Eisheiligen auspflanzen.

HÖHE
10 cm

BREITE
20 cm

VEILCHEN

Zur Gattung der Veilchen *(Viola)* gehören rund 500 Arten ein- und zweijähriger Pflanzen sowie immergrüner, halbimmergrüner oder sommergrüner Stauden und selten auch sommergrüner Halbsträucher.

Die hier beschriebenen Gartenstiefmütterchen *(V. x wittrockiana)* sind aus Kreuzungen verschiedener Arten, darunter *V. altaica, V. cornuta, V. lutea* und *V. tricolor*, hervorgegangen. Ihre Blüten tragen einen kurzen Sporn und bestehen aus fünf überlappenden Kronblättern, die eine runde, flache, 6–10 cm große Blume ergeben. Sie ist bei manchen Sorten ungezeichnet und gleichmäßig ausgefärbt, in der Regel aber präsentiert sie sich mit dunklen Nektarstrichen oder Flecken auf den drei unteren Kronblättern. Obwohl Gartenstiefmütterchen mehrjährig und vollständig winterhart sind, zieht man sie meist ein- oder zweijährig, da sie mit der Zeit hochbeinig werden und weniger Blüten tragen.

Die meisten Gartenstiefmütterchen blühen von März bis Mai, manche auch von Oktober bis November. Vor allem einige kleinblütige Sorten wurden speziell als Winter- oder zeitige Frühjahrsblüher gezüchtet. Andere wiederum öffnen ihre Blüten im Sommer und Winter, so etwa die Vertreter der Universal-Serie. Stiefmütterchen zeigen sich in Gefäßen, aber auch auf Beeten sommers wie winters von ihrer besten Seite. Insbesondere in Pflanzungen kommen sie gut zur Geltung.

Pflanzen Sie Stiefmütterchen in nährstoffreiche, feuchte, gut durchlässige Böden. An sonnigen bis halbschattigen Standorten fühlen sie sich am wohlsten. Das Entfernen welker Blüten verlängert die Blühdauer.

Vermehrt wird durch Aussaat im Juli in kalten Kästen. Stiefmütterchen sind Dunkelkeimer. Ab August kommen die Sämlinge nach draußen. Sommerblüher sät man im Dezember unter Glas aus, Herbstblüher Mitte Juni. Gegen Frostschäden sollte man die Pflanzen abdecken.

Nackt- und Gehäuseschnecken sowie Blattläuse können an Stiefmütterchen Schaden anrichten. Außerdem sind die beliebten Blüher für Mehltau, Blattfleckenkrankheiten, das Gurkenmosaikvirus und Rost anfällig.

V. 'Love Duet'

Wuchs Kompakte Staude, ein- oder zweijährig gezogen. ***Blüten*** Cremeweiß, mit himbeerrotem bis rotbraunem Fleck; bis 6 cm breit. Blütezeit Sommer.
Blätter Ei- bis herzförmig, gekerbt, glänzend; mittelgrün.
- HÖHE 15 cm.
- BREITE 25 cm.

V. 'Love Duet'
Gartenstiefmütterchen

V. Floral-Dance-Serie

Wuchs Kompakt, ein- oder zweijährig kultiviert. ***Blüten*** Weiß, rot, purpurn, blau oder gelb, auch 2farbig; 5–7 cm breit. Blüht vom Winter bis zum Frühjahr oder im Sommer.
Blätter Ei- bis herzförmig; mittelgrün.
- HÖHE 15–25 cm.
- BREITE 25 cm.

V. Floral-Dance-Serie
Gartenstiefmütterchen

V. Imperial-Serie

Wuchs Kompakte Stauden, ein- oder zweijährig gezogen. ***Blüten*** In mehreren Farben erhältlich; bis 7 cm breit. Blüht vom Winter bis zum zeitigen Frühjahr oder im Sommer.
Blätter Ei- bis herzförmig, gekerbt, glänzend; mittelgrün.
- HÖHE 15–25 cm.
- BREITE 25 cm.

V. Imperial-Serie
Gartenstiefmütterchen

V. 'Rippling Waters'

Wuchs Kompakte Staude, ein- oder zweijährig gezogen. ***Blüten*** Rotviolett, mit weißem Rand; bis 6 cm breit. Blütezeit Sommer.
Blätter Ei- bis herzförmig, gekerbt, glänzend; mittelgrün.
- HÖHE 15–25 cm.
- BREITE 25 cm.

V. 'Rippling Waters'
Gartenstiefmütterchen

V. 'Roggli Riesen'

Wuchs Buschig, kräftig, ein- oder zweijährig gezogen. ***Blüten*** Verschiedene Farben, meist dunkel gefleckt; bis 10 cm breit. Blüht von Sommer bis Herbst. ***Blätter*** Ei- bis herzförmig; mittelgrün.
- HÖHE 20 cm.
- BREITE 20 cm.

***V.* 'Roggli Riesen'**
Gartenstiefmütterchen

V. Joker-Serie

Wuchs Kompakt, ein- oder zweijährig kultiviert. ***Blüten*** 2farbig, mit deutlicher Zeichnung, in Rotbraun, Violett, Blaßblau und Goldgelb; bis 7 cm breit. Blütezeit Sommer. ***Blätter*** Ei- bis herzförmig; mittelgrün.
- HÖHE 15–25 cm.
- BREITE 25 cm.

***V.* Joker-Serie**
Gartenstiefmütterchen

V. Princess-Serie

Wuchs Sehr kompakte Stauden, ein- oder zweijährig gezogen. ***Blüten*** Cremeweiß, gelb, purpurn oder blau, auch 2farbig; 5–6 cm breit. Blütezeit Frühjahr und Sommer. ***Blätter*** Ei- bis herzförmig; mittelgrün.
- HÖHE 10–20 cm.
- BREITE 20 cm.

***V.* Princess-Serie**
Gartenstiefmütterchen

V. 'Azure Blue'

Wuchs Sehr kompakt, ein- oder zweijährig gezogen. ***Blüten*** Azurblau, ohne Zeichnung; 5–6 cm breit. Im Frühjahr zahlreich blühend. ***Blätter*** Ei- bis herzförmig; mittelgrün.
- HÖHE 15–20 cm.
- BREITE 20 cm.

***V.* 'Azure Blue'**
Gartenstiefmütterchen

V. Universal-Serie (blau)

Wuchs Kompakt, ein- oder zweijährig kultiviert. ***Blüten*** Blau, manchmal auch 2farbig gezeichnet; bis 7 cm breit. Blüht vom Winter bis zum zeitigen Frühjahr oder im Sommer. ***Blätter*** Ei- bis herzförmig; mittelgrün.
- HÖHE 15–25 cm.
- BREITE 25 cm.

***V.* Universal-Serie (blau)**
Gartenstiefmütterchen

V. Crystal-Bowl-Serie (primelgelb)

Wuchs Kompakte Stauden, ein- oder zweijährig gezogen; hitzeverträglich. ***Blüten*** Warm hellgelb; bis 6 cm breit. Blütezeit Sommer. ***Blätter*** Ei- bis herzförmig, gekerbt, glänzend; mittelgrün.
- HÖHE 15 cm.
- BREITE 15 cm.

***V.* Crystal-Bowl-Serie (primelgelb)**
Gartenstiefmütterchen

V. Crystal-Bowl-Serie (gelb)

Wuchs Kompakte Stauden, ein- oder zweijährig gezogen; hitzeverträglich. ***Blüten*** Gelb; bis 6 cm breit. Im Sommer zahlreich blühend. ***Blätter*** Ei- bis herzförmig, gekerbt, glänzend; mittelgrün.
- HÖHE 15 cm.
- BREITE 15 cm.

***V.* Crystal-Bowl-Serie (gelb)**
Gartenstiefmütterchen

V. Clear-Crystal-Serie

Wuchs Kompakt, ein- oder zweijährig gezogen. ***Blüten*** Reinweiß, gelb, orange, rot oder violett; bis 5 cm breit. Im Sommer zahlreich blühend. ***Blätter*** Ei- bis herzförmig, gekerbt, glänzend; mittelgrün.
- HÖHE 20 cm.
- BREITE 20 cm.

***V.* Clear-Crystal-Serie**
Gartenstiefmütterchen

V. Icequeen-Serie

Wuchs Kompaktbuschig, ein- oder zweijährig kultiviert. ***Blüten*** Verschiedene reine, leuchtende Farbtöne, stets mit dunklen Mittelflecken; gleichmäßig, bis 7 cm breit. Blüht vom Winter bis zeitigen Frühjahr. ***Blätter*** Ei- bis herzförmig; mittelgrün.
- HÖHE 10–15 cm.
- BREITE 15 cm.

V. Icequeen-Serie
Gartenstiefmütterchen

V. 'Super-Chalon-Riesen'

Wuchs Buschige Stauden, ein- oder zweijährig gezogen.
Blüten Intensive Farben, weiß, auch 2farbig; bis 10 cm breit, Kronblätter gekräuselt, mit Strichen und Flecken. Blüht von Sommer bis Herbst. ***Blätter*** Ei- bis herzförmig; mittelgrün.
- HÖHE 20 cm.
- BREITE 20 cm.

V. 'Super-Chalon-Riesen'
Gartenstiefmütterchen

V. 'Redwing'

Wuchs Kompakt, ein- oder zweijährig kultiviert. ***Blüten*** 2farbig, schokoladebraun und goldgelb, mit dunklen Flecken; 6–8 cm breit. Blütezeit Frühjahr und Herbst. ***Blätter*** Ei- bis herzförmig, gekerbt, glänzend; mittelgrün.
- HÖHE 15–20 cm.
- BREITE 20 cm.

V. 'Redwing'
Gartenstiefmütterchen

V. Universal-Serie (gelb)

Wuchs Kompakt, ein- oder zweijährig kultiviert. ***Blüten*** Gelb, manche auch 2farbig; bis 7 cm breit. Blüht vom Winter bis zum zeitigen Frühjahr oder im Sommer. ***Blätter*** Ei- bis herzförmig; mittelgrün.
- HÖHE 15–25 cm.
- BREITE 25 cm.

V. Universal-Serie (gelb)
Gartenstiefmütterchen

V. Universal-Serie (apricot)

Wuchs Kompakt, ein- oder zweijährig kultiviert. ***Blüten*** Apricot, manchmal auch 2farbig; bis 7 cm breit. Blüht vom Winter bis zum zeitigen Frühjahr oder im Sommer. ***Blätter*** Ei- bis herzförmig; mittelgrün.
- HÖHE 15–25 cm.
- BREITE 25 cm.

V. Universal-Serie (apricot)
Gartenstiefmütterchen

V. 'Scarlet Clan'

Wuchs Kompakt, ein- oder zweijährig gezogen. ***Blüten*** Orangegelb, mit dunkel scharlachrotem Mittelfleck; 6–8 cm breit. Blütezeit Sommer. ***Blätter*** Ei- bis herzförmig, gekerbt, glänzend; mittelgrün.
- HÖHE 15–20 cm.
- BREITE 20 cm.

V. 'Scarlet Clan'
Gartenstiefmütterchen

V. 'Padparadja'

Wuchs Kompakt, ein- oder zweijährig gezogen. ***Blüten*** Intensiv tieforange gefärbt; 6–8 cm breit. Blütezeit Frühjahr und Sommer. ***Blätter*** Ei- bis herzförmig, gekerbt, glänzend; mittelgrün.
- HÖHE 15 cm.
- BREITE 15 cm.

V. 'Padparadja'
Gartenstiefmütterchen

Campanulaceae	

DOWNINGIA ELEGANS

Wuchs Hängende oder mattenbildende Einjährige mit fleischigen Trieben. ***Blüten*** Weiß, rosa, purpurn oder blau, mit weißem Auge; röhrenförmig, 2lippig. Juli–August. ***Blätter*** Lanzettförmig; mittelgrün.

- HERKUNFT Feuchte Gräben oder sporadisch nasse Flächen vom Staat Washington bis Kalifornien, USA.
- KULTUR In feuchten, gut durchlässigen Böden in der Sonne oder im Halbschatten ziehen. Schöne Ampel- und Topfpflanze.
- VERMEHRUNG Aussaat unter Glas bei 13–16 °C im Spätwinter oder im Freiland im Frühjahr.

HÖHE
15 cm

BREITE
15 cm

Campanulaceae/ Lobeliaceae	MÄNNERTREU

LOBELIA ERINUS 'Saphir'

Wuchs Niederliegende Staude, einjährig gezogen. ***Blüten*** Leuchtend saphirblau, mit weißem Auge; röhrenförmig, 2lippig, 1 cm breit. Blütezeit Juni–September. ***Blätter*** Sehr klein, eiförmig bis linealisch; mittelgrün.

- HERKUNFT Züchtung.
- KULTUR In nährstoffreichen, feuchten, gut durchlässigen Böden an sonnigen bis halbschattigen Standorten. Für Ampeln und andere Gefäße.
- VERMEHRUNG Durch Aussaat bei 13–18 °C im Februar oder März unter Glas. Im Mai auspflanzen.

HÖHE
15 cm

BREITE
10–15 cm

Crassulaceae	

SEDUM CAERULEUM

Wuchs Fleischige, verzweigte, polsterbildende Einjährige. ***Blüten*** Blaßblau; sternförmig, in lockeren, trugdoldigen Blütenständen. Blütezeit Juli–September. ***Blätter*** Ei- bis spatelförmig; blaßgrün, später rotgetönt.

- HERKUNFT Trockene Felslagen auf Korsika, Sardinien, in Tunesien und Algerien.
- KULTUR In kargen, leichten Böden. Für trockene Böschungen und sonnige Rabatten geeignet.
- VERMEHRUNG Aussaat bei 13–16 °C unter Glas im Spätwinter oder im Freiland im Frühjahr.

HÖHE
10–15 cm

BREITE
15 cm

Compositae/Asteraceae	LEBERBALSAM, BLAUSTERNCHEN

AGERATUM HOUSTONIANUM 'Blaue Donau'

Wuchs Buschiger, kompakter Halbstrauch, einjährig gezogen. ***Blüten*** Mittelblau; winzig, feinblättrig, in rundlichen Körbchen. Blütezeit Mai–Oktober. ***Blätter*** Eiförmig, an der Basis herzförmig, flaumig behaart; mittelgrün.

- HERKUNFT Züchtung.
- KULTUR Gedeiht in feuchten, durchlässigen Böden. Für Beete, Einfassungen und Pflanzgefäße.
- VERMEHRUNG Aussaat bei 16–18 °C im März oder im Herbst. Herbstsämlinge unter Glas bei 10 °C überwintern.

HÖHE
15–20 cm

BREITE
15–20 cm

Cruciferae/Brassicaceae	

HELIOPHILA LONGIFOLIA

Wuchs Zierliche, verzweigte Einjährige. ***Blüten*** Weiß, rosa oder blau; kreuzförmig, mit 4 Kronblättern. Blütezeit Juli–September. ***Blätter*** Gefiedert, schmale Blättchen; mittelgrün.
• HERKUNFT Westliches Kap in Südafrika.
• KULTUR In nährstoffreiche, gut durchlässige Böden an geschützten Standorten pflanzen. Gute Topf- und Beetpflanze.
• VERMEHRUNG Von Frühjahr bis zum Frühsommer wiederholt im Freiland aussäen.
• WEITERER NAME *H. coronopifolia*.

HÖHE
20 cm

BREITE
50 cm

Compositae/Asteraceae	

FELICIA HETEROPHYLLA 'Blues'

Wuchs Mattenbildende Einjährige. ***Blüten*** Blaßblau, mit dunkler Mitte; 2 cm breite Körbchen, einzeln. Blütezeit Juli–August. ***Blätter*** Lanzettförmig, zuweilen gezähnt; graugrün.
• HERKUNFT Art: Trockene, sonnige Lagen in Südafrika. Sorte: Züchtung.
• KULTUR In leichten, gut durchlässigen Böden in der Sonne. Verträgt kargen Untergrund. Für Beete, Blumenkästen und andere Pflanzgefäße.
• VERMEHRUNG Aussaat bei 10–18 °C im Frühjahr unter Glas. Nach den Eisheiligen auspflanzen.

HÖHE
10 cm

BREITE
30 cm

Boraginaceae	WALDVERGISSMEINNICHT

MYOSOTIS SYLVATICA 'Blauer Ball'

Wuchs Rundliche, kompakte Zweijährige oder kurzlebige Staude. ***Blüten*** Azurblau, mit gelbem Auge; klein, tellerförmig, 1 cm breit, in dichten Wickeln. Blütezeit April–Juni. ***Blätter*** Ei- bis lanzettförmig, behaart; mittelgrün.
• HERKUNFT Züchtung.
• KULTUR Verträgt karge Böden. Für Frühjahrsbeete, Naturgärten oder Gehölzpartien.
• VERMEHRUNG Durch Aussaat im kalten Kasten oder im Frühbeet von Juni bis Juli. Samen abdekken, da Dunkelkeimer.

Min. -15 °C

HÖHE
15 cm

BREITE
15 cm

Campanulaceae/ Lobeliaceae	MÄNNERTREU

LOBELIA ERINUS 'Kristallpalast'

Wuchs Buschige, kompakte Staude, einjährig gezogen. ***Blüten*** Tiefblau; röhrenförmig, 2lippig, 1 cm breit, in lockeren Trauben. Blütezeit Juni–September. ***Blätter*** Sehr klein, eiförmig bis linealisch, glänzend; dunkel bronzegrün.
• HERKUNFT Züchtung.
• KULTUR Gedeiht in nährstoffreichen, feuchten, gut durchlässigen Böden in der Sonne oder im Halbschatten. Für Einfassungen und Gefäße.
• VERMEHRUNG Durch Aussaat bei 13–18 °C im Februar oder März unter Glas. Im Mai auspflanzen.

HÖHE
10 cm

BREITE
10–15 cm

Papaveraceae	CREMESCHALE

PLATYSTEMON CALIFORNICUS

Wuchs Niederliegende, reich verzweigte Einjährige. ***Blüten*** Cremegelb; einfach, mohnartig, 2–3 cm breit, auf dünnen Stielen. Blütezeit Juli–August. ***Blätter*** Schmal lanzettförmig, dichtbehaart; graugrün.

- HERKUNFT Grasland, immergrünes Gebüsch und Wüstenrand in Kalifornien, Arizona und Utah, USA.
- KULTUR Bevorzugt karge, leichte Böden und vollsonnige Plätze. Verträgt keine Feuchtigkeit. Für Trockenrabatten und sonnige Böschungen.
- VERMEHRUNG Freilandaussaat im März oder April.

HÖHE 10–30 cm

BREITE 25 cm

Limnanthaceae	SUMPFBLUME

LIMNANTHES DOUGLASII

Wuchs Aufrecht oder ausgebreitet flachwachsende Einjährige. ***Blüten*** Gelb mit weißem Rand oder weiß mit gelber Mitte; schalenförmig, 2–3 cm breit, duftend, reichblühend. Juni–August. ***Blätter*** Fleischig, gefiedert, Blättchen zerschlitzt; gelblichgrün.

- HERKUNFT Feuchte Gebiete von Kalifornien bis Oregon, USA.
- KULTUR In feuchten, gut durchlässigen Böden. Für Einfassungen oder den Vordergrund von Rabatten.
- VERMEHRUNG Freilandaussaat im März oder April, für Herbstflor im Juni. Oft Selbstaussaat.

HÖHE 15 cm

BREITE 15 cm

Compositae/Asteraceae	MUTTERKRAUT, GOLDKAMILLE

TANACETUM PARTHENIUM 'Golden Moss'

Wuchs Kurzlebige, teppichbildende Staude, einjährig gezogen. ***Blüten*** Weiß, mit gelber Mitte; 2–3 cm breite Körbchen, in dichten Doldenrispen. Blütezeit Juni–September. ***Blätter*** Mehrfach fiederteilig, nach Kamille riechend; gelblichgrün.

- HERKUNFT Züchtung.
- KULTUR Gedeiht in allen gut durchlässigen Böden. Für Kräutergärten und Einfassungen.
- VERMEHRUNG Aussaat bei 15–18 °C im März oder April unter Glas oder im Mai im Freiland.

HÖHE 10 cm

BREITE Bis 30 cm

Papaveraceae	

ESCHSCHOLZIA CAESPITOSA

Wuchs Büschelige Einjährige. ***Blüten*** Leuchtendgelb; flach schalenförmig, 3–5 cm breit, einfach, mit 4 seidigen Kronblättern, duftend. Juli–September. ***Blätter*** Gefiedert, Blättchen linealisch; mittelgrün.

- HERKUNFT Offenes Grasland in Zentralkalifornien, USA.
- KULTUR Gedeiht am besten in nährstoffarmen Böden. Ideal für Kiespflanzungen und Sommerblumenrabatten.
- VERMEHRUNG Durch Freilandaussaat im Frühjahr oder Herbst.

HÖHE 15 cm

BREITE 15 cm

Compositae/Asteraceae	GELBE ZWERGWUCHERBLUME, GELBE ZWERGMARGERITE

COLEOSTEPHUS MULTICAULIS 'Moonlight'

Wuchs Kriechende, reich verzweigte Einjährige. ***Blüten*** Blaßgelb; 4–5 cm breite Körbchen. Juli–September. ***Blätter*** Fleischig, grob gezähnt; blaugrau.
- HERKUNFT Züchtung.
- KULTUR In gut durchlässige, mäßig nährstoffreiche Böden in der Sonne pflanzen. Für Beete und Einfassungen sowie Gefäße.
- VERMEHRUNG Durch Aussaat unter Glas bei 13–16 °C im März/April oder im Freiland ab Mai.
- WEITERER NAME *Chrysanthemum multicaule* 'Moonlight'.

HÖHE
10 cm

BREITE
30 cm

Aizoaceae	MITTAGSBLUME

DOROTHEANTHUS BELLIDIFORMIS 'Lunette'

Wuchs Kriechende Einjährige. ***Blüten*** Dottergelb, mit roter Mitte; bis 4 cm breite Körbchen, einzeln. Blütezeit Juli–September. ***Blätter*** Fleischig, ei-, spatel- oder lanzettförmig; hellgrün.
- HERKUNFT Züchtung.
- KULTUR In kargen, stark durchlässigen Böden.
- VERMEHRUNG Durch Aussaat bei 16–19 °C im März oder April unter Glas. Mitte Mai auspflanzen.
- WEITERE NAMEN *D. bellidiformis* 'Yellow Ice', *Mesembryanthemum criniflorum* 'Yellow Ice'.

HÖHE
10–15 cm

BREITE
30 cm

Compositae/Asteraceae	SUMPFMARGERITE, WEISSE ZWERGMARGERITE

HYMENOSTEMMA PALUDOSUM 'Show Star'

Wuchs Buschige Einjährige. ***Blüten*** Leuchtendgelb; 3 cm breite Körbchen. Blütezeit Juni–Oktober. ***Blätter*** Spatelförmig, gewellt, gezähnt; mittelgrün.
- HERKUNFT Züchtung.
- KULTUR Braucht mäßig nährstoffreiche Böden und sonnige Standorte. Für Misch- und Sommerblumenrabatten.
- VERMEHRUNG Freilandaussaat im Mai.
- WEITERE NAMEN *Leucanthemum paludosum* 'Show Star', *Chrysanthemum paludosum* 'Show Star'.

HÖHE
15 cm

BREITE
20 cm

Compositae/Asteraceae	

GAZANIA Chansonette-Serie

Wuchs Kräftige, immergrüne Stauden, einjährig kultiviert. ***Blüten*** Rosa, rot, gelb, rotbraun oder orange, oft mit kontrastierendem Farbring; Körbchen, einzeln auf den Stengeln. Blütezeit Juni–September. ***Blätter*** Lanzett- bis spatelförmig, glänzend; dunkelgrün, Unterseite weiß, seidig behaart.
- HERKUNFT Züchtung.
- KULTUR In leichten, sandigen Böden, an geschützten, sonnigen Standorten. Für Küstengärten.
- VERMEHRUNG Aussaat bei 18–20 °C von Februar bis April unter Glas. Mitte Mai auspflanzen.

HÖHE
20 cm

BREITE
25 cm

Compositae/Asteraceae	

GAZANIA 'Mini Star Tangerine' 🏆

Wuchs Kompakte, büschelbildende, immergrüne Staude, einjährig kultiviert. ***Blüten*** Weiß, rosa, goldgelb, beige, rotbraun oder orange; Körbchen, einzeln auf den Stengeln, reichblühend. Juni–September. ***Blätter*** Lanzett- bis spatelförmig, glänzend; dunkelgrün, Unterseite weiß, seidig behaart.
• HERKUNFT Züchtung.
• KULTUR In sandige, gut durchlässige Böden an geschützten, sonnigen Standorten pflanzen.
• VERMEHRUNG Aussaat bei 18–20 °C von Februar bis April unter Glas. Mitte Mai auspflanzen.

HÖHE
20 cm

BREITE
25 cm

Scrophulariaceae	GAUKLERBLUME, AFFENBLUME

MIMULUS X HYBRIDUS Malibu-Serie (orange)

Wuchs Buschige, reich verzweigte Staude, einjährig gezogen. ***Blüten*** Leuchtend orangerot; röhrenförmig, mit trichterförmigem Schlund, 5 cm breit. Juni–Oktober. ***Blätter*** Eiförmig, gezähnt; leuchtendgrün.
• HERKUNFT Züchtung.
• KULTUR Gedeiht an sonnigen bis halbschattigen Standorten. Für Uferbepflanzungen, Sumpfgärten und Feuchtrabatten. Ideale Beet- und Ampelpflanze.
• VERMEHRUNG Aussaat im kalten Kasten ab Mitte März (Lichtkeimer). Mitte Mai auspflanzen.

HÖHE
15 cm

BREITE
Bis 30 cm

Scrophulariaceae	GAUKLERBLUME, AFFENBLUME

MIMULUS X HYBRIDUS 'Calypso' 🏆

Wuchs Buschige, reich verzweigte Staude, einjährig kultiviert. ***Blüten*** Rosa, burgunderrot, gelb oder orange, darunter zweifarbige und gesprenkelte Blüten; röhrenförmig, mit trichterförmigem Schlund, 5 cm breit, einzeln. Blütezeit Juni–Oktober. ***Blätter*** Eiförmig, gezähnt; leuchtendgrün.
• HERKUNFT Züchtung.
• KULTUR Verträgt sonnige bis halbschattige Plätze. Für Ufer, Sumpfgärten und Feuchtrabatten.
• VERMEHRUNG Aussaat im kalten Kasten ab Mitte März (Lichtkeimer). Mitte Mai auspflanzen.

HÖHE
10–25 cm

BREITE
30 cm

Compositae/Asteraceae	HUSARENKOPF, MINIATURSONNENBLUME

SANVITALIA PROCUMBENS 'Mandarin-Orange'

Wuchs Kompakte, mattenbildende Einjährige. ***Blüten*** Leuchtendorange, mit schwarzer Mitte; halbgefüllte, bis 2 cm breite Körbchen. Blütezeit Juli–Oktober. ***Blätter*** Eiförmig, zugespitzt; mittelgrün.
• HERKUNFT Art: Trockene Flußbette und steinige Lagen in Mexiko. Sorte: Züchtung.
• KULTUR In mäßig nährstoffreichen, mit organischer Materie angereicherten Böden. Für Tröge, Blumenkästen, Ampeln und andere Gefäße.
• VERMEHRUNG Durch Freilandaussaat im Mai.

HÖHE
15 cm

BREITE
35 cm

Die Pflege von Sommerblumen

Tips für den Kauf

Sommerblumen lassen sich problemlos aus Samen ziehen. Die im Handel angebotene Saatgutpalette ist denn auch um ein Vielfaches reichhaltiger als das Pflanzensortiment. Allerdings sind Sorten häufig nur als Mischungen und nicht in einer bestimmten Farbe erhältlich. Bei gewerblichen Züchtern kann man Samenmischungen oft in Einzelfarben beziehen, was die Anlage von Rabatten mit bestimmten Farbschwerpunkten erleichtert. Gärtnereien und Gartencenter führen außerdem im Frühjahr und Frühsommer eine Auswahl an Sämlingen und Jungpflanzen.

Beetpflanzen kaufen

Wo keine Gewächshäuser für die Aufzucht von frostempfindlichen Einjährigen aus Samen zur Verfügung stehen, bietet sich der Kauf von Jungpflanzen in Anzuchtschalen an. Man spart damit nicht nur Zeit und Material, die Sämlinge sorgen auch im Nu für Farbe, sobald sie in die Rabatten oder Gefäße umgesetzt worden sind. Suchen Sie kräftige, reich verzweigte Jungpflanzen mit vielknospigen Trieben und gesunden Blättern aus, damit die Pflanzen gut anwachsen und gedeihen. Die Wurzeln sollten gut entwickelt sein, jedoch nicht im Topf festsitzen oder dichtgedrängt stehen. Sonst werden sie beim Lockern der Ballen vor dem Auspflanzen verletzt, was wiederum Wuchs und Blüte beeinträchtigt. Kaufen Sie keine Gewächse mit ausgetrockneter Topferde oder gelben beziehungsweise kranken Blättern. Sie wachsen zwar weiter, entwickeln sich aber oft nicht gut und bringen weniger Blüten hervor.

Frostempfindliche Beetpflanzen sind vom Sämling bis zum blühenden Exemplar in verschiedenen Entwicklungsstadien erhältlich. Oftmals werden sie bereits zum Verkauf angeboten, bevor man sie auspflanzen kann. Wer jetzt schon zugreift, muß die Sommerblumen unter geeigneten Bedingungen in Innenräumen weiterziehen können, bis die Frostgefahr vorüber ist. Jungpflanzen werden abgehärtet und allmählich in einem Kalthaus oder kalten Kasten an die Außentemperatur gewöhnt, bevor man sie ins Freie setzt (siehe S. 167). Da sie in der Regel aus dem beheizten Treibhaus stammen, machen ihnen plötzlich veränderte Kulturbe-

Beetpflanzen

Wählen Sie Pflanzen mit kräftigem, kompaktem Wuchs und gesundem, grünem Laub (hier Petunien). Meiden Sie Exemplare mit dünnen, kahlen Stengeln oder gelben bzw. abgestorbenen Blättern (siehe kleines Bild).

Topfpflanzen

Topfblumen müssen in feuchter Erde stehen und einen kräftigen, buschigen Wuchs mit gesunden Knospen aufweisen. Kaufen Sie keine Gewächse mit welken oder kranken Blättern (siehe kleines Bild).

dingungen oder sogar Frost und kalter Wind entweder sofort den Garaus oder lassen sie kümmern. Möchten Sie die Gewächse gleich nach dem Kauf ins Freie setzen, sollten Sie sich zuerst beim Händler erkundigen, ob sie bereits ausreichend abgehärtet sind.

Im späteren Frühjahr mit Beginn der Blütezeit kauft man am besten Blumen mit vielen, noch geschlossenen Blütenknospen. Denn stehen sie bereits in voller Blüte, gewöhnen sie sich nur schwer an den neuen Standort und zeigen sich entsprechend weniger blühfreudig.

Bepflanzung von Gefäßen

Sollen Arrangements in Gefäßen sich sogleich nach dem Bepflanzen von ihrer schönsten Seite zeigen, wählt man Ein- und Zweijährige aus, die in Töpfen gezogen wurden. Wässern Sie die Jungpflanzen vor dem Austopfen noch einmal gründlich, und lassen Sie überschüssiges Wasser ablaufen.

Legen Sie sich danach einen Pflanzplan zurecht, oder arrangieren Sie die Gewächse vor dem Einsetzen, bevor Sie sie aus dem Topf holen. Hängeblumen begrünen die Seiten und den Vorderrand eines Gefäßes; zur Mitte und nach hinten staffelt man die Gewächse am besten nach ihrer Größe. Bedecken Sie den Boden mit Ziegelscherben, um eine gute Drainage zu gewährleisten. Danach wird das Gefäß zu drei Vierteln mit lehmhaltiger Topferde gefüllt. Für Ampeln empfiehlt sich eher ein Substrat ohne Lehmanteil, da es weniger wiegt. Allerdings läßt es sich nur schwer wieder durchtränken, falls es einmal austrocknet, und muß während der Wachstumsperiode öfters mit Nährstoffen angereichert werden.

Lassen Sie die Jungpflanze vorsichtig aus dem Topf herausgleiten, und stützen Sie mit einer Hand den Wurzelballen. Lockern Sie die Wurzeln, und setzen Sie die Pflanze an ihren vorbestimmten Platz. Die Wurzelkrone muß dabei etwa 1 cm unter dem Gefäßrand stehen. Anschließend wird die Topferde um das gepflanzte Exemplar leicht angedrückt und geebnet. Es sollten keinerlei Lufteinschlüsse bleiben. Sie bilden sich gern an den Seiten und in den Ecken des Pflanzgefäßes. Füllen Sie sie mit feuchter Topferde auf. Anschließend wird die Pflanze gründlich gewässert.

Bepflanzung von Gefässen

1 *Bedecken Sie den Boden mit Ziegelscherben, und füllen Sie das Gefäß zu drei Vierteln mit feuchter Topferde. Ziehen Sie die Pflanzen behutsam aus dem Topf.*

2 *Setzen Sie die Gewächse (hier* Begonia-, Lobelia- *und* Impatiens-*Sorten) jeweils in eine Mulde, so daß die Wurzelkronen etwa 1 cm unter dem Gefäßrand liegen.*

3 *Drücken Sie die Topferde gut um die einzelnen Exemplare an, und füllen Sie gegebenenfalls Lufteinschlüsse mit feuchter Erde auf. Ebnen Sie die Oberfläche, und wässern Sie gründlich.*

Samen und Sämlinge

Samen und Sämlinge kaufen
Sommerblumen lassen sich aus Sämlingen oder vorbereitetem Saatgut ziehen.

Eine Sommerblumenrabatte entsteht

1 *Entwerfen Sie eine Anlage, bei der die Blumen in Inseln nach Höhe, Wuchs und Farbe arrangiert sind. Markieren Sie die Bereiche mit Sand oder Kies.*

2 *Säen Sie die Samen in Rillen. Sind die Pflanzen größer geworden, vermischen sie sich, so daß keine geraden Reihen mehr erkennbar sind.*

Samenkauf

Prüfen Sie beim Kauf von Saatgut das Verpackungsdatum. Der Samen sollte auf jeden Fall noch relativ frisch sein. Seine Keimfähigkeit hängt zwar sehr stark von der jeweiligen Art ab, sie nimmt jedoch nach einem Jahr rapide ab, vor allem wenn nicht immer eine kühle, trockene Lagerung gewährleistet war. In verschweißten Plastiksäckchen bleibt Saatgut oft über mehrere Jahre hinweg brauchbar, beginnt allerdings nach dem Öffnen der Päckchen schnell zu verderben.

Für die meisten Hobbygärtner ist Samen aus natürlicher Bestäubung völlig ausreichend, obwohl geringfügige Farb- und Wuchsabweichungen vorkommen können. Legt man aber auf einheitlichen Habitus und Farbausdruck großen Wert, etwa weil man formale Beete anlegen möchte, sollte man F1- und F2-Hybriden wählen.

Pilliertes und vorbehandeltes Saatgut

Die Samen mancher F1- und F2-Hybriden werden mit einer Hüllschicht aus Nährstoffen und Fungiziden umgeben und kommen als pilliertes, also zu »Pillen« geformtes Saatgut in den Handel. Pillierte Samen sind zwar etwas teurer als unbehandelte, können jedoch einzeln im richtigen Abstand ausgesät werden, so daß die aufwendige Ausdünnung zu dicht stehender Sämlinge überflüssig wird. Wichtig ist ein gründliches Gießen nach dem Ausbringen, damit das Wasser die Hülle durchdringen und die Keimung in Gang bringen kann.

Vorbehandeltes Saatgut ist so präpariert, daß es sofort nach der Aussaat aufgeht. Dies hat sich vor allem bei Schwerkeimern bewährt.

Saatbänder und Gele

Besonders einfach ist die Aussaat mit Saatbändern, bei denen die Samen in gleichmäßigen Abständen in einen Streifen aus abbaubarem Material eingebettet sind. Man legt dieses Band in eine Saatrille und bedeckt es mit einer dünnen, feinkrümeligen Erdschicht.

Nicht weniger praktisch sind Gele: Hier schwimmen die Samen in einer pasteartigen Masse, die in die Erde gedrückt wird. Obwohl derart aufbereitetes Saatgut teurer als naturbelassenes ist, gewährleistet es eine gleichmäßige Verteilung der Samen, so daß man später kaum noch ausdünnen muß.

Keimlinge und Sämlinge

Manche schwer keimenden Arten und Sorten werden zuweilen als Samen angeboten, bei denen die Schale gerade erst aufgebrochen ist und die ersten Wurzel- und Blattansätze hervorlugen. Sie werden auf einem nährbodenartigen Gel verkauft und in verschweißten Plastikbehältern versandt. Setzen Sie die Keimlinge sofort nach Erhalt in Anzuchterde um, stellen Sie sie an einen hellen Platz, und sorgen Sie für die empfohlene Temperatur.

Sorten sind überdies auch als junge Sämlinge im Handel, die bereits die ersten zarten Blätter zeigen. Man kann sie unmittelbar nach dem Kauf pikieren. Vor allem Pflanzen wie Begonien, deren staubfeine Samen sich nur schwer dünn aussäen lassen, werden gern in diesem Entwicklungsstadium angeboten. Vereinzeln Sie sie innerhalb von 24 Stunden auf 4–5 cm Abstand, und pflegen Sie sie genauso wie selbstgezogene Pflänzchen.

Gärtnereien bieten oft auch ältere Sämlinge mit schon recht gut entwickeltem Wurzelballen an. Sie sind preiswerter als größere Sommerblumen. Man pflanzt sie zu Hause in Multischalen oder Einzeltöpfe um und zieht sie an hellen Standorten bei geeigneten Temperaturen, bis sie groß genug für das Freiland sind.

Saatmethoden

Wann und wo Ein- und Zweijährige ausgesät werden, hängt von ihrer Blütezeit und den für die Keimung notwendigen Temperaturen ab. Im Freiland sät man sie breitwürfig oder in Saatrillen aus. Breitsaat empfiehlt sich vor allem bei Sommerblumen mit tiefreichenden Pfahlwurzeln, die auf ein Umpflanzen empfindlich reagieren, so etwa Schleierkraut *(Gypsophila)* und Mohn *(Papaver)*. In Saatrillen wiederum stehen die Sämlinge zunächst wie Zinnsoldaten schön in Reih und Glied – nach dem Ausdünnen allerdings ist es mit der Regelmäßigkeit vorbei. Durch Aussaat in zwanglosen Pflanzinseln, die man mit Sandstreifen markiert, entsteht eine natürlich wirkende Anlage.

Sowohl für Breit- als auch für Rillensaat muß ein Beet erst vorbereitet werden. Dazu gräbt man den Boden spatentief um, harkt die Oberfläche feinkrümelig und drückt sie etwas fest. Für die Aussaat von Sommerblumen eignen sich die meisten Gartenerden, allzu

Rillensaat

1 Graben Sie das Saatbeet spatentief um, und harken Sie die Oberfläche, bis sie feinkrümelig ist. Ziehen Sie mit einer Hacke eine 2–3 cm tiefe Rille.

2 Streuen Sie die Körnchen von Hand dünn und gleichmäßig in die Rille. Pillierter Samen wird in den empfohlenen Abständen gesetzt.

3 Schließen Sie die Rille mit Erde, ohne die Samen herauszuschieben, und drücken Sie sie leicht fest. Gießen Sie abschließend gründlich mit einer feinen Brause.

Sämlinge ausdünnen

1 Zupfen Sie einzelne Sämlinge (hier ein Gartenrittersporn) heraus. Dabei drückt man leicht auf die Erde um das Pflänzchen, das im Boden bleiben soll.

2 Ganze Sämlingsgruppen werden mit reichlich Boden herausgehoben. Sie können getrennt und in angemessenen Abständen wieder gepflanzt werden.

nährstoffreich indes sollten sie nicht sein, da das Laub sonst auf Kosten der Blüte wuchert. Nur bei sehr kargem Untergrund streut man 70 g/m² Düngergranulat aus. Die Sämlinge werden wie für die jeweilige Pflanze empfohlen ausgedünnt und gegebenenfalls gestützt oder durch Plastikhauben geschützt.

Aussaat in Gefäßen

Für die Anzucht von Sämlingen in Behältnissen eignen sich Töpfe, Saatschalen, Saatboxen und Multitöpfe. Gewächse, die auf Wurzelstörungen empfindlich reagieren, setzt man am besten in abbaubare Töpfe aus organischer Materie wie etwa Torf. Sämtliche Gefäße müssen vor der Aussaat tadellos sauber sein.

Füllen Sie das Behältnis mit Saaterde, und ziehen Sie die Oberfläche mit einer Leiste ab, so daß das Substrat mit dem Gefäßrand abschließt. Klopfen Sie gegen den Topf, um Lufteinschlüsse zu beseitigen, und drücken Sie die Erde bis 1 cm unter den Rand an. Nun wässert man mit einer feinen Brause oder stellt das Behältnis in eine Schale mit Wasser, bis die Erde gut feucht ist. Anschließend läßt man das Wasser eine Stunde lang ablaufen. Streuen Sie das Saatgut dünn und gleichmäßig auf die Oberfläche, und bedecken Sie es mit einer Schicht feingesiebter Saaterde. Zum Schluß sprüht man die Erde noch mit einem breitwirksamen Fungizid, um Keimlingskrankheiten vorzubeugen, und deckt das Gefäß mit Glas und einem Sonnenschutznetz ab.

Schutz und Stütze für Sämlinge

Hohe oder dünnstengelige Einjährige und Zweijährige werden durch dünne Zweige, Stäbe oder Maschendraht mit 2–3 cm Maschengröße gestützt. Die Stütze sollte etwas niedriger als die endgültige Wuchshöhe sein, so daß die Pflanze sie überwuchert und schließlich verdeckt.

1 Sobald die Jungpflanzen etwa 5–7 cm hoch sind (hier ein Gartenrittersporn), steckt man Stützen neben sie.

2 Spannen Sie Maschendraht über die Sämlinge, und befestigen Sie die Ränder am Boden.

Winterharte Einjährige

Winterharte Einjahrespflanzen keimen bei 7–13 °C und können an ihren endgültigen Standort im Freiland gesät werden, sobald die Bodentemperatur 7 °C erreicht hat. Durch wiederholte Aussaat von April bis Juli erreicht man eine den ganzen Sommer anhaltende Blütenpracht. Eine Reihe winterharter Einjähriger – zum Beispiel Ringelblumen *(Calendula)* oder Mohn *(Papaver)* – verträgt auch eine Aussaat im Herbst. Die jungen Pflänzchen überstehen die kalte Jahreszeit schadlos, sofern man sie durch Plastikhauben oder andere Abdeckungen vor strengen Frösten schützt, und zeigen im nächsten Frühjahr erfreulich früh ihre Blüten.

Winterharte Zweijährige

Die Aussaat von Zweijahrespflanzen erfolgt im Freilandsaatbeet zwischen spätem Frühjahr und Hochsommer. Der exakte Zeitpunkt hängt vom Wachstumsrhythmus der jeweiligen Sommerblume ab. Vergißmeinnicht *(Myosotis)* etwa reifen recht schnell heran und werden von Juni bis Juli gesät. Andere zweijährige Blüher wie der Rote Fingerhut *(Digitalis purpurea)* brauchen länger und sollten schon ab Ende Mai ausgebracht werden. Im Frühjahr des folgenden Jahres oder auch schon im Herbst setzt man sie an ihren endgültigen Standort. Zwikken Sie Blütenknospen ab, die sich noch vor Wintereinbruch zeigen, sonst fällt der Flor im nächsten Jahr enttäuschend spärlich aus.

Aussaat in Schalen

1 Füllen Sie eine Schale mit Saaterde, und ziehen Sie die Oberfläche mit einer Leiste ab. Drücken Sie die Erde bis 1 cm unter den Rand fest.

2 Streuen Sie die Körnchen dünn aus, indem Sie sie aus einem gefalteten Papierstreifen herausschütteln.

3 Decken Sie das Saatgut mit einer etwa samenhohen Schicht gesiebter Anzuchterde ab. Gießen und das Gefäß beschriften.

4 Die Erdoberfläche wird mit Fungizid besprüht und durch eine Glas- oder Plastikplatte abgedeckt, so daß im Gefäß für gleichbleibende Feuchtigkeit gesorgt ist.

5 Schützen Sie die Saatschale mit einem Netz oder Zeitungspapier vor direkter Sonne. Sobald die Keimung einsetzt, werden Glas und Netz entfernt.

Pikieren

1 *Sobald die Sämlinge groß genug sind, klopft man das Gefäß gegen etwas Hartes, um die Erde zu lockern. Dann läßt man den Erdballen intakt herausgleiten.*

2 *Trennen Sie die Pflänzchen. Fassen Sie sie dabei nur an den Blättern an. Die Wurzeln dürfen nicht verletzt werden und sollten von Erde umschlossen bleiben.*

3 *Setzen Sie die Sämlinge mit Wurzelballen einzeln in Töpfe, drücken Sie die Erde um die Stengel fest, und wässern Sie gründlich.*

Frostempfindliche Sommerblumen

Die Keimtemperatur frostempfindlicher Ein- und Zweijähriger liegt bei etwa 13–21 °C. Die Einjährigen sät man in Mitteleuropa in Anzuchtgefäßen im März oder April unter Glas. Schnellwachsende Arten, beispielsweise Sammetblumen *(Tagetes)*, können auch ab Mitte Mai nach den Eisheiligen direkt ins Freiland ausgebracht werden. Frostempfindliche Zweijährige wiederum werden vom späten Frühjahr bis zum Hochsommer in Gefäßen gesät und vor dem Auspflanzen abgehärtet. Sie vertragen zwar kurzzeitig eine kühlere Witterung, Minusgrade aber überstehen sie nicht.

Auch kälteempfindliche Zweijahrespflanzen wie Begonien sterben bei zu niedrigen Temperaturen ab oder werden in Mitleidenschaft gezogen – man setzt sie deshalb erst ins Freie, wenn schon annähernd sommerliche Temperaturen herrschen. Jungpflanzen werden frostfrei unter Glas überwintert und kommen im Frühjahr nach draußen. Kälteempfindliche Stauden, die einjährig gezogen werden, etwa Springkraut *(Impatiens)* und Pelargonien, behandelt man wie frostempfindliche Einjährige, sie keimen jedoch erst bei 16–24 °C verläßlich. Die genauen Aussaattemperaturen sind auf den Samenpäckchen angegeben.

Besondere Aussaatbedingungen

Manche Samen keimen nur unter bestimmten Bedingungen. Begonien, Springkraut *(Impatiens)* und andere Gewächse mit sehr feinem Saatgut sind Lichtkeimer und gehen nur bei ausreichender Helligkeit auf. Man streut ihre Samen auf die Oberfläche und bedeckt sie nicht mit Erde. Das Saatgut der meisten kälteempfindlichen Gewächse geht nur bei konstanten Temperaturen auf. Primelsamen wiederum verlangen zwar Licht, treiben aber nicht, wenn das Thermometer mehr als 21 °C anzeigt. Das Gartenstiefmütterchen *(Viola x wittrockiana)* ist ein Dunkelkeimer und wird bei der Aussaat abgedeckt. Die Samen mancher Arten, so z. B. Muschelblumen *(Moluccella)*, müssen stratifiziert werden: Man lagert sie zwei Wochen bei 2–4 °C im Kühlschrank, bevor man sie bei 18–21 °C zum Keimen bringt.

Pikieren

In Gefäßen gezogene Sämlinge pikiert man vor dem Auspflanzen, setzt sie also in größere

Töpfe um – in überfüllten Behältnissen würden sie nur langstengelig und anfällig für Keimlingskrankheiten. Sobald man sie herausnehmen kann, ohne sie zu verletzen, setzt man sie in 6 cm breite Töpfe oder mit 4–5 cm Abstand in Anzuchtschalen. Fassen Sie sie nur am Laub, damit die empfindlichen Stengel und Wurzeln nicht abbrechen. Beschädigtes Gewebe wächst nicht mehr weiter und ist sehr anfällig für Pilzkrankheiten. Nach dem Pikieren stellt man die Töpfe mit den Sämlingen für ein paar Tage in Anzuchtkästen oder deckt sie mit einer durchsichtigen Plastikfolie ab, bis sie gut eingewurzelt sind. Die Folie darf jedoch nicht mit den Blättern in Berührung kommen, da sie sonst sehr leicht faulen. Anschließend zieht man die Pflänzchen regulär weiter, bis sie für das Freiland abgehärtet werden können.

Abhärten

Unter Glas gezogene, nicht winterharte Einjährige müssen vor dem Auspflanzen abgehärtet, das heißt, allmählich an die Bedingungen unter freiem Himmel gewöhnt werden. Damit ermöglicht man ihnen den schadlosen Übergang vom warmen, geschützten Ambiente zu den rauheren Freilandbedingungen. Etwa 6–7 Wochen vor dem Aussetzen stellt man sie dazu eine Woche lang in eine kühlere Ecke des Gewächshauses. Dann verfrachtet man sie in einen geschlossenen kalten Kasten oder einen niedrigen Folientunnel im Freien und

ABHÄRTEN

Folientunnel
Werden frostempfindliche Sommerblumen unter Folientunneln abgehärtet, läßt man nach und nach mehr Luft hinein.

Kalter Kasten
Im kalten Kasten werden die Pflänzchen an Freilandbedingungen gewöhnt, indem man die Abdeckungen immer weiter öffnet.

AUSPFLANZEN INS FREILAND

1 Nach dem Abhärten (hier eine Sammetblume) holt man die Jungpflanzen aus dem Gefäß. Dabei muß der Wurzelballen intakt bleiben.

2 Stellen Sie jedes Pflänzchen in der gleichen Höhe wie im Gefäß in ein Loch, das den Wurzelballen aufnimmt.

3 Drücken Sie die Erde etwas fest, um Luftlöcher zu beseitigen. Zum Schluß wird mit einer feinen Brause gründlich gegossen.

deckt sie jeden Tag etwas mehr auf. Nachts schließt man die Abdeckung. Bei Nachtfrösten ist ein zusätzlicher Schutz durch Sackleinen oder alte Teppiche notwendig. In den letzten Tagen vor dem endgültigen Auspflanzen bleibt die Abdeckung durchgehend geöffnet, sofern kein Witterungseinbruch zu erwarten ist.

Auspflanzen

Vor dem Umsetzen ins Freiland gießt man die Jungpflanzen gründlich und läßt überschüssiges Wasser ablaufen. Anschließend pflanzt man sie in vorbereitete, unkrautfreie Beete oder Rabatten. Nehmen Sie sie behutsam aus dem Gefäß, ohne den Wurzelballen zu verletzen. Multitöpfe für den einmaligen Gebrauch zerbricht man am besten – so bekommt man die Pflanzen intakt heraus. Robustere Töpfe klopft man gegen etwas Hartes, damit sich das Substrat lockert. Drehen Sie das Gefäß anschließend herum, und lassen Sie den Wurzelballen herausgleiten, indem Sie ihn mit einer Hand stützen und dabei den Stengelansatz der Pflanze zwischen den Fingern halten. Aus Schalen läßt man den Inhalt in einem Stück herausrutschen, trennt die Gewächse von Hand und beläßt soviel Erde wie möglich an den Wurzeln. Dann setzt man die Pflanzen in den Boden. Dabei müssen sie genauso tief stehen wie vorher im Gefäß. Drücken Sie die Erde um die Wurzeln leicht an, und gießen Sie gründlich.

Auspflanzen von Kletterern

Kletterpflanzen müssen sich an Sträuchern, kleinen Bäumen, Gerüsten und anderen Stützen hochziehen können. Unter Gehölzen setzt man sie an den Rand eines Blätterdachs auf der Sonnenseite, damit sie genügend Licht bekommen. Die Leittriebe werden an dünnen Stäben zwischen die Äste geführt. Zieht man Einjährige mit einer Kletterhilfe an Wänden hoch, setzt man sie in 30 cm Abstand von der Mauer, damit sie noch ausreichend Feuchtigkeit bekommen. Zu Pyramiden gebundene Klettergerüste werden vor dem Pflanzen in die Erde gesteckt – die Sämlinge kommen dann neben die Stäbe in die Erde und werden lose an ihnen befestigt.

Teppichbeete

Sommerblumenpflanzungen in streng geometrischen Formen kamen im 19. Jahrhundert während der viktorianischen Epoche in England in Mode. Paßt man die Muster solcher Anlagen etwas an den modernen Geschmack an, lassen sich auch heute noch eindrucksvolle Gärten schaffen.

Kletterer brauchen eine Stütze

Neben eine Stützpflanze setzen

Kletternde Einjährige (hier eine Sternwinde) werden mindestens 25 cm von der Stützpflanze entfernt gesetzt. Leiten Sie den Haupttrieb mit Stäben zum großen Nachbarn.

Mit Stäben abstützen

Setzen Sie die Jungpflanze (hier eine Schwarzäugige Susanne) neben den Stab, und binden Sie den Leittrieb locker mit einem weichen Faden oder Bast an (kleines Bild).

Zeichnen Sie zunächst einen Plan auf Papier, und stellen Sie vor dem Auspflanzen alle benötigten Gewächse auf einer Liste zusammen. Beim unten gezeigten Teppichbeet kommt eine relativ große Zahl verschiedener Pflanzen zum Einsatz, nicht minder wirkungsvoll aber kann ein Muster mit nur zwei bis vier unterschiedlichen Sommerblumen sein. Um die Pflanzabstände zu prüfen und letzte Korrekturen am Gesamtdesign vorzunehmen, arrangiert man die Gewächse zunächst in ihren Töpfen auf dem vorbereiteten Beet. Behalten Sie einige Pflanzen in Reserve – falls nicht alle ausgesetzten Blumen gedeihen, sind Sie für die Lückenfüller dankbar.

Anlegen von Pflanzmustern

1 Markieren Sie das Muster mit Schnüren und Sand, wobei Sie sich von innen nach außen oder von einer Seite zur anderen vorarbeiten. Knien Sie dabei auf Brettern, damit der Boden nicht verdichtet wird. Festgedrückte Erde beeinträchtigt die Drainage und hemmt einen gleichmäßigen Wuchs, der das A und O jedes Teppichbeets ist.

2 Setzen Sie die Sämlinge aus, und berühren Sie sie so wenig wie möglich. Bepflanzen Sie stets einen Bereich nach dem anderen.

3 Sobald eine Insel fertig ist, schneidet man beschädigten oder hervorstehenden Wuchs ab, um eine gleichmäßige, kompakte Fläche zu erreichen.

4 Wässern Sie jeden Bereich sofort nach der Fertigstellung gründlich, damit die ersten Inseln nicht austrocknen, während weitere angelegt werden. Sorgen Sie für Feuchtigkeit, bis alle Pflanzen eingewachsen sind. Entfernen Sie verfärbtes oder beschädigtes Laub. Abgestorbene Gewächse werden durch gesunde Reservepflänzchen ersetzt, um Lücken zu vermeiden.

Laufende Pflege

Sommerblumen haben eine relativ kurze Lebensspanne und verlangen daher keine besonders aufwendige Pflege. Hohe Pflanzen stützt man, damit sie nicht durch Windstöße geknickt werden oder unter dem Gewicht ihrer eigenen Blüten brechen. In trockenen, heißen Perioden gießt man sie regelmäßig; vor allem Gefäßpflanzen brauchen dann reichlich Wasser, da die Flüssigkeit auf dem eng begrenzten Raum schneller verdunstet. Durch Abschneiden welker Blütenstände läßt sich der Flor verlängern. Einjährige sterben bei zu früher Samenreife ab, da ihr Lebenszyklus mit dem Entwickeln von Fruchtständen abgeschlossen ist. Sobald sie am Ende der Wachstumsperiode unansehnlich werden, wirft man sie in den Müll oder auf den Komposthaufen.

Stütze

Starkwüchsige und dünnstengelige Exemplare müssen im Freien durch Drahtnetze oder Stäbe vor dem Umfallen geschützt werden, sobald sie einige Zentimeter Höhe erreicht haben (siehe S. 164). Aufragende Gewächse wie Sonnenblumen *(Helianthus)* sollte man einzeln abstützen. Stecken Sie gleich beim Pflanzen einen Stock in die Erde, so daß er möglichst wenig sichtbar ist, und binden Sie den wachsenden Stengel nach und nach daran fest.

Wässern, jäten und düngen

Nach dem Aussetzen ins Freiland sollten Ein- und Zweijährige stets feucht gehalten werden. Bis sie gut eingewachsen sind, gießt man sie gegebenenfalls regelmäßig und reichlich mit dem Gartenschlauch oder der Gießkanne. Dabei muß der Boden auf jeden Fall gut durchnäßt werden, damit die Wurzeln in die Tiefe wachsen. Benetzt man nur die oberste Bodenschicht, entwickeln sie sich zu flachgründig, so daß die Pflanzen in längeren Trockenperioden sehr schnell unter Wassermangel leiden. Sind sie jedoch erst einmal etabliert, brauchen sie im Freiland nur noch gegossen werden, wenn es längere Zeit nicht regnet. Bei konstanter Unterversorgung mit Wasser reifen die Samen zu schnell heran, und die Blütezeit fällt nur kurz aus.

Prüfen Sie bei Gefäßpflanzen den Wurzelballen täglich, damit er nicht austrocknet. Halten Sie die Erde stets gleichmäßig feucht, vermeiden Sie jedoch Staunässe. Bei warmer, trockener Witterung verdunstet die Feuchtigkeit in den Gefäßen sehr schnell, so daß zuweilen sogar zweimal täglich oder noch häufiger eine Wasserration not tut. In Plastiktöpfen trocknen die Gewächse allerdings nicht so schnell aus wie in Tongefäßen, deshalb wässert man hier etwas zurückhaltender, damit sich die Nässe nicht staut.

Abstützen von Kletterern

Am Fuß einer Mauer gepflanzte Kletterer (hier eine Schönranke) zieht man an einem Gerüst hoch. Ranker müssen anfangs eventuell in das Gerüst geführt werden. Kriechende Sommerblumen kann man gut mit Fäden festbinden.

Grosse Sommerblumen stützen

Hohe Ein- und Zweijährige (hier eine Trompetenzunge) brauchen zuweilen mehrere Stäbe. Man steckt sie um die Pflanze und schlingt eine Schnur außen herum. Im Lauf der Zeit überwachsen die Pflanzen ihre Stütze.

Die meisten Sommerblumen sind recht genügsam und müssen nur selten gedüngt werden, sofern der Boden nicht extrem karg ist. In zu nährstoffreichem Untergrund kommt es zu üppiger Laubentwicklung, während die Blüte mager ausfällt. Lediglich in sehr nährstoffarmer Erde ist kurz vor der Blüte ein rasch wirkender Flüssigdünger angebracht.

Halten Sie Sommerblumen unkrautfrei, damit die unerwünschten Nachbarn ihnen nicht Licht, Wasser und Nährstoffe entziehen.

Schnitt- und Trockenblumen

Viele Ein- und Zweijährige eignen sich hervorragend als Schmuck für die Vase oder lassen sich trocknen und für Wintergestecke verwenden. Strohblumen *(Helichrysum)* schneidet man am besten, wenn die Blüten halb geöffnet sind. Läßt man sie vollständig aufblühen, öffnen sie sich während des Trocknens zu weit. Nur die Blüten des Geflügelten Strandflieders *(Limonium sinuatum)* entwickeln sich nach dem Schnitt nicht mehr weiter und sollten deshalb erst ganz offen aus dem Garten genommen werden.

Hängen Sie Sommerblumen in kleinen Sträußen mit den Köpfen nach unten an warmen, luftigen Orten auf, die nicht zu hell sein dürfen, da die Farben sonst sehr stark ausbleichen. Die Stengel des Islandmohns *(Papaver nudicaule)* taucht man kurz in heißes Wasser, bevor man sie in die Vase stellt. Das

Trockenblumen

1 *Schneiden Sie die Stengel (hier ein Meerlavendel) direkt über der Blattrosette ab. Stengelblätter werden entfernt, bevor man die Blumen zu Sechserbündeln bindet.*

2 *Hängen Sie den Strauß mit dem Kopf nach unten an einen warmen, luftigen, dunklen Ort. Direktes Sonnenlicht bleicht leuchtende Farben aus.*

Sommerblumen in Gefässen

Gefäßpflanzen müssen regelmäßig gewässert und gelegentlich gedüngt werden – ansonsten brauchen sie recht wenig Pflege. Man entspitzt sie, damit sie reichlich Flor tragen. Verblühte Gewächse nimmt man vorsichtig heraus, ohne die Wurzeln ihrer Nachbarn zu verletzen, und ersetzt sie durch späterblühende Exemplare.

1 *Entfernen Sie verblühte Pflanzen vorsichtig. Beschädigen Sie dabei nicht die anderen Gewächse.*

2 *Füllen Sie die Lücke mit frischem Substrat, und setzen Sie neue Gewächse ein.*

Entfernen welker Blüten

Um den Flor zu verlängern, schneidet man regelmäßig welke Blüten heraus (hier Stiefmütterchen), bevor sie Samen ansetzen. Zwicken Sie sie mit einer Schere oder mit den Fingern am Stielansatz ab – und bald schon werden neue Blütenknospen heranreifen.

versiegelt die Schnittstellen und verhindert die Bildung von Lufteinschlüssen, die die Wasseraufnahme blockieren.

Entfernen welker Blütenstände

Das regelmäßige Abzwicken vertrockneter Blüten hat bei Sommerblumen zwei Vorteile: Erstens wird das Aussehen der Pflanze verbessert, und zweitens verlängert sich der Flor, da man die Samenbildung verhindert. Da nach dem Entfernen der Blüte keine Samen mehr heranreifen können, versucht das Gewächs sie durch erneute Blütenbildung noch einmal zu erzeugen.

Zwicken Sie verblühende oder welke Blüten sauber mit einer Schere oder mit Daumen und Zeigefinger ab. Braucht man Saatgut für das nächste Jahr, beläßt man gegen Ende der Florzeit einige Blütenstände an der Pflanze. Auch an Sommerblumen, die wie der Judassilberling *(Lunaria annua)* wegen ihrer Fruchtstände gezogen werden, läßt man die Blüten stehen. Einige wenige Einjährige, darunter Mohn *(Papaver)*, entwickeln nach dem Entfernen welker Blüten keinen neuen Flor mehr.

Samengewinnung

Viele durch komplexe Zucht entstandene Gartenhybriden und Sorten sind nicht samenecht,

Samen trocknen

1 Entfernen Sie reifende Samenstände von den Sommerblumen (hier eine Braut in Haaren), bevor sie sich öffnen. Dann gibt man sie in eine mit Papier ausgelegte Schale und stellt sie in die Sonne.

2 Nach dem Trocknen schüttelt man die Körnchen heraus. Füllen Sie das Saatgut in einen sauberen, beschrifteten Papierumschlag, und lagern Sie es bei kühler, gleichbleibender Temperatur.

falls sie überhaupt Saatgut hervorbringen. Die meisten Arten können allerdings problemlos durch Samen vermehrt werden; ihre Nachkommen sind mit der Mutterpflanze nahezu identisch.

Wählen Sie Exemplare mit besonders schönen Blütenformen und -farben, und lassen Sie Samenstände heranreifen. Man schneidet sie ab, sobald sie sich braun färben und noch bevor sie ihren Inhalt freigeben. Legen Sie sie in Schalen, die mit Papier ausgelegt wurden, und lassen Sie sie an warmen, sonnigen, gut durchlüfteten Plätzen vollständig trocknen. Man kann sie auch an den Stengeln zusammenbinden und mit dem Kopf nach unten in eine saubere Papiertüte hängen. Schütteln Sie den Samen heraus, entfernen Sie unbrauchbare Pflanzenreste, und füllen Sie die Körner in saubere, beschriftete Papiertüten oder Briefumschläge. Darin lagert man sie an einem kühlen, trockenen Ort bis zum nächsten Frühjahr.

Wintervorbereitungen

Gegen Ende der Blütezeit entfernt man welke oder abgestorbene Pflanzen aus dem Garten und entsorgt sie. Kranke Gewächse dürfen nicht auf dem Kompost landen – man verbrennt sie am besten, damit sich die Erreger nicht verbreiten können. Ein- oder zweijährig gezogene Stauden, wie etwa Gartenstiefmütterchen *(Viola x wittrockiana)*, verpflanzt man in eine Ecke, wo sie nicht stören und noch eine Weile Blüten tragen dürfen. Stockmalven *(Alcea rosea)* schneidet man nach dem Flor bis auf die Basis zurück – auch sie blühen noch einige Jahre. Mit der Zeit allerdings läßt ihre Wuchskraft und die Qualität ihrer Blüten nach. Man zieht sie meist zweijährig, weil sie anfällig für Stockmalvenrost *(Puccinia malvacearum)* sind, einem Pilz, der in den oberirdischen Pflanzenteilen überwintert und den Neuaustrieb in der nächsten Saison erneut befällt. Junge Exemplare sind zwar etwas widerstandsfähiger, dennoch sollte man diese Art nicht Jahr für Jahr an derselben Stelle ziehen.

Goldlack *(Cheiranthus)* oder Löwenmaul *(Antirrhinum)* zu verpflanzen lohnt sich nicht, da die Vertreter dieser Gattungen sehr holzig und langbeinig werden und nach dem ersten Flor nicht mehr besonders schön blühen. Kälteempfindliche Stauden wie Begonien und Springkraut *(Impatiens)* werden aufgenommen und im Spätsommer eingetopft. Bei reichlich Licht und Wärme blühen sie in der Wohnung oder im Gewächshaus beziehungsweise Wintergarten noch monatelang weiter.

Kurzlebige Stauden zurückschneiden

1 Nicht alle Samenstände reifen gleichzeitig heran. Um Selbstaussaat zu vermeiden, schneidet man die Blütenstengel regelmäßig ab.

2 Kurzlebige Stauden wie Stockmalven blühen oft mehrere Jahre lang immer wieder, wenn man sie nach dem Flor zurückschneidet.

3 Schneiden Sie die Blütenstengel am Ansatz mit einer scharfen Schere ab. Verletzen Sie dabei nicht den Neuaustrieb.

Duftwicke

Zu Recht gilt die Duftwicke *(Lathyrus odoratus)* gemeinhin als »Königin der Einjährigen«. Sie besticht nicht nur wegen ihrer langen Blütezeit und der breiten Palette leuchtender Farben, sondern vor allem mit ihrem unverwechselbaren süßen Duft. Unter optimalen Bedingungen liefert sie über viele Wochen hinweg täglich frische Schnittblumen. An Gittern, Pfeilern, Pergolen oder Stäben hochgezogen, sorgt sie in jedem Garten lange für hübsche Farbtupfer. Man pflanzt sie gern in Schnittblumenrabatten oder zwischen Sträucher und Stauden, doch auch aus Bauerngärten ist sie nicht mehr wegzudenken. Und selbst in Gemüsegärten erweist sich der beliebte Kletterer als nützlich: Sein Duft lockt bestäubende Insekten und andere Nützlinge an. Man läßt die Duftwicke entweder in ihrer natürlichen Form als Busch wachsen oder zieht sie an Spalieren hoch. An Spalieren wachsende Exemplare entwickeln langgestielte Blüten bester Qualität, die ausgezeichnete Schnittblumen abgeben. Man unterscheidet viele verschiedene Sortengruppen. Unter den hohen Duftwicken ist die Spencer-Gruppe mit ihren großen Blüten und gewellten Kronblättern wohl am bekanntesten. Die Vertreter der Grandiflora-Gruppe, auch »Alte Züchtungen« genannt, tragen kleinere Blüten, die jedoch intensiver duften. Zu den Zwergwicken wiederum zählt eine Reihe von Sorten, die keine Ranken bilden und deshalb in Blumenkästen und Ampeln gute Dienste leisten. Auf ebener Erde müssen sie nicht oder nur wenig gestützt werden.

Aussaat

Duftwicken werden von Ende März bis Mai direkt im Freiland gesät. Bei Gefäßaussaat kommen 2–3 Samen auf einen Topf mit 7 cm Durchmesser. Bewährt haben sich ferner spezielle Wickentöpfe, in denen die Wurzeln beim Auspflanzen kaum gestört werden. Sollen die Pflanzen früh ihre Blütenpracht zeigen, sät man sie im Herbst aus und überwintert die Sämlinge im kalten Kasten. Um die Keimung zu fördern, ritzt man die Samen vor dem Ausbringen mit einem scharfen Messer an und entfernt gegenüber dem Auge ein kleines Stück Schale.

Alte Züchtungen

Alte Züchtungen gehören, wie der Name schon sagt, zu den frühesten Sorten der Duftwicke. Ihre Blüten fallen zwar kleiner aus, verströmen aber einen sehr intensiven Duft und zeigen sich in kräftig leuchtenden Farben.

Zwergwicken

Zwergwicken werden nur etwa 90 cm hoch und müssen wenig oder überhaupt nicht gestützt werden. Einige Sorten wachsen ohne Ranken. Sie eignen sich für Misch- oder Sommerblumenrabatten, aber auch für Blumenkästen und andere Gefäße.

Duftwicken werden in Einheitssaaterde oder Topferde ohne Lehmzusatz mit 20 Prozent Kiesanteil gezogen. Decken Sie die Gefäße mit Glas ab. Bei etwa 15 °C gehen die Samen auf. Die Keimlinge werden am besten in einem kalten Kasten weitergezogen. Entspitzen Sie die Sämlinge aus Herbstaussaat, sobald sie 10 cm hoch sind, und die Frühjahrssämlinge, nachdem sich das erste Blattpaar gebildet hat.

Überwintern von Herbstsämlingen

Lassen Sie den kalten Kasten so oft wie möglich offen. Ist jedoch mit Temperaturen unter -2 °C zu rechnen, muß er geschlossen und mit Matten isoliert werden. Bei Regen bleibt der Deckel schräg gestützt, so daß eine ausreichende Belüftung gewährleistet ist, die Pflänzchen jedoch nicht naß werden. Bekämpfen Sie Blattläuse und andere Schädlinge mit einem Pestizid, und verabreichen Sie Ende März einen verdünnten Flüssigdünger.

Auspflanzen

Duftwicken gedeihen in offener Lage an vollsonnigen Standorten mit feuchten, durchlässigen und nährstoffreichen Böden. Beste Zuchtergebnisse erzielt man auf Untergrund, der im Herbst des vorigen Jahres »geholländert« wurde. Dabei gräbt man den Boden zwei Spatenstich tief um, wobei die beiden Schichten nicht vermischt werden dürfen, und arbeitet in die untere Schicht gut verrotteten Mist oder Kompost ein. Drei Wochen vor dem Auspflanzen erfolgt eine Kopfdüngung mit einem ausgewogenen Dünger in der vom Hersteller empfohlenen Dosis.

Härten Sie die Sämlinge vor dem Umsetzen gut ab. Pflänzchen aus Herbstaussaat kommen Anfang April, solche aus Frühjahrsaussaat Ende Mai ins Freiland. Sie werden in etwa 25 cm Abstand voneinander dicht neben die Stütze gesetzt. Der unterste Trieb befindet sich dabei auf Bodenniveau. Gießen Sie gründlich. Die Jungpflanzen werden nur locker an die Stütze angebunden – sie halten sich bald selbst mit Ranken fest. Sind sie einmal eingewachsen, gießt man sie nur noch, wenn die Erde ausgetrocknet ist und sobald die Blütenknospen erscheinen. Ab dem Hochsommer gibt man alle zwei Wochen eine Ration Kaliumdünger.

Buschwicken

1 Buschwicken werden mit Zweigen gestützt. Man steckt sie beim Auspflanzen mit in die Erde. Neigen Sie sie zur Mitte, um die Stabilität des Busches zu erhöhen.

2 Duftwicken können auch an Drahtgestellen hochgezogen werden. Die Pflanzen überwuchern ihre Stütze und verbergen sie schließlich.

3 Stangenpyramiden sind ein recht stabiler Halt. Man bindet die Stöcke an der Spitze zusammen. An den Fuß jeder Stange pflanzt man je einen Sämling.

DUFTWICKEN AN SPALIEREN

1 Nach dem Spannen der Drähte zwischen den Pfählen setzt man 2,2 m hohe Stangen in 25 cm Abstand und fixiert sie mit Klammern.

2 Zwei Wochen nach dem Auspflanzen werden die kräftigsten Triebe jeweils knapp unter einem Knoten an die Stangen gebunden.

3 Gleichzeitig entfernt man alle Seitentriebe und Ranken, damit die gesamte Wuchskraft in den Haupttrieb geht.

4 Zwicken Sie verbleibende Seitentriebe und Ranken ab. Auch Blütenstengel mit weniger als vier Knospen werden entfernt.

Duftwicken an Spalieren

Langstengelige, für Ausstellungen und als Schnittblumen verwendete Duftwicken zieht man traditionell an ein- oder zweireihigen Spalieren. Die Reihen sollten von Norden nach Süden verlaufen, damit die Pflanzen gleichmäßig besonnt werden. Bei kräftigen Böen aus Norden oder Osten ist ein Windschutz ratsam. Die schönsten Prachtblüten entstehen an Duftwicken aus Herbstaussaat, die im Frühjahr in ein am Ende der letzten Vegetationsperiode vorbereitetes Beet gepflanzt werden.

Stützen

An jedes Ende einer Reihe kommt ein Pfahl mit einem 45 cm langen Querstück in 2 m Höhe. Spannen Sie zwischen die Querstücke jeweils zwei parallele Drähte, und befestigen Sie daran 2,2 m hohe Stangen, die in 25 cm Abstand zueinander in die Erde gesteckt werden. Jede Stange wird leicht nach innen geneigt und mit Klammern am Draht befestigt. Nun setzt man an ihren Fuß jeweils einen Duftwickensämling. Er braucht zwei Wochen Zeit, um gut einzuwachsen und größer zu werden. Dann entfernt man alle Triebe bis auf den kräftigsten Leittrieb. Aufgepaßt: Der längste Trieb ist manchmal langbeinig und dünn geraten und damit nicht notwendigerweise auch der kräftigste. Ziehen Sie den Haupttrieb die Stange hoch, und befestigen Sie jeden Knoten mit einem Faden oder einem Ring. Sehr kräftige Exemplare können auch mit zwei Leittrieben hochgezogen werden. Mit fortschreitendem Wachstum knipst man alle Ranken und Seitentriebe an der Basis beziehungsweise nach dem ersten Blattpaar ab. Die ersten spärlichen Blütenstengel werden ebenso abgeschnitten wie später alle, die nicht mindestens vier Blütenknospen tragen. Sobald die Pflanzen in voller Blüte stehen, verabreicht man alle zwei Wochen einen Kaliumdünger. Mit soviel Aufwand gezogene Duftwicken erreichen vermutlich lange vor dem Ende der

Absenken

1 Erreichen die Pflanzen 1,2–1,5 m Höhe oder wachsen über die Stangen hinaus, senkt man sie ab. Dadurch bekommen sie mehr Platz zum Wachsen und tragen ihre Blüten in bequemer Schnitthöhe.

2 Binden Sie die Wicken los, und legen Sie sie in ihrer vollen Länge entlang der Stangen auf den Boden.

3 Ziehen Sie die obersten 30 cm des Triebs an einer passend stehenden Stange in der Reihe hoch.

4 Stehen die Wicken in einer Doppelreihe, bearbeitet man eine Reihe nach der anderen. Durch das Absenken wird die Blüte angeregt.

Wachstumsperiode die Spitze ihrer Stange. In diesem Fall legt man sie um oder senkt sie ab, um die Entwicklung weiterer Prachtblüten in bequemer Schnitthöhe anzuregen.

Absenken

Sobald die Duftwicken eine Höhe von 1,2–1,5 m erreicht haben oder sogar schon über die Stangenspitze hinauswachsen, löst man sie von ihrer Stütze und legt sie entlang der Spalierreihe vorsichtig auf den Boden. Jede Triebspitze wird dann an eine andere Stange in geeigneter Entfernung gebunden. Biegen Sie den Trieb etwa 30 cm unter der Spitze senkrecht nach oben, und befestigen Sie dieses Teilstück an der neuen Stütze. In Doppelreihen senkt man erst eine Reihe ab, dann die andere. Ideal ist ein warmer, sonniger Tag, an dem die Pflanzen nicht zu sehr im Saft stehen. Nach etwa zwei Wochen setzt die Blüte wieder ein und hält meist noch sehr lange an.

Schädlinge und Krankheiten

Übermäßiges Gießen, plötzliche Temperaturstürze oder zuwenig Sonne können Knospenfall verursachen. Wässern Sie daher regelmäßig, und wählen Sie einen Standort mit möglichst gleichbleibendem Mikroklima. Das Laub ist anfällig für Thripse und Blattläuse. Man bekämpft sie mit organischen Pestiziden oder chemischen Mitteln, die etwa die Wirkstoffe Propoxur oder Dimethoat enthalten. Die Blüten werden zuweilen von Hummeln oder Erdflöhen beschädigt. Vor allem im Sämlingsstadium verursachen ferner Schnecken Fraßschäden. Sie lassen sich mit umweltfreundlichen Maßnahmen wie dem Aufstellen von Schneckenzäunen, mit Kriechhindernissen wie Holzspänen oder durch Bierfallen fernhalten. Mäuse machen sich gern über die frisch ausgebrachten Samenkörner her. In feuchten Sommern bildet sich auf Duftwicken oft Grauschimmel, während ihnen bei Trockenheit der Echte Mehltau den Garaus machen kann.

GLOSSAR DER FACHBEGRIFFE

Kursiv gedruckte Begriffe weisen auf das entsprechende Stichwort hin.

Ähre – *Blütenstand*, bei dem die *Blüten* ungestielt an der Hauptachse sitzen.

Art – Rangstufe unterhalb der *Gattung*; umfaßt nah verwandte, sehr ähnliche Pflanzen.

Aufrecht – Mit senkrechten oder halbaufrechten Leittrieben.

Auge – Die Mitte einer *Blüte*, insbesondere wenn sie anders gefärbt ist als die *Kronblätter*.

Basalstecklinge – *Stecklinge* aus unmittelbar am Grund entspringenden Trieben, die man direkt über dem Boden abschneidet. Auch *grundständige* Stecklinge genannt.

Basisch (Boden) – Mit einem *pH-Wert* von mehr als 7. Siehe auch *sauer* und *neutral*. Auch alkalisch genannt.

Beet – Abgegrenztes, kleines Stück Garten mit bearbeitetem Boden, in das Gewächse einzeln oder in Gruppen gesetzt werden.

Bereift – Wachsartig blauweiß überzogen.

Blattachsel – Der Winkel zwischen Blattansatz und *Sproß*, in dem sich die Achselknospe entwickelt.

Blättchen – Bestandteil eines zusammengesetzten Blattes.

Blüte – Pflanzenteil, der die Fortpflanzungsorgane trägt; gewöhnlich von *Kelchblättern* und *Kronblättern* umgeben.

Blütenstand – Mehrere Einzelblüten, die zusammen eine einzige *Blüte* zu bilden scheinen.

Dolde – *Blütenstand*, bei dem die gleichlang gestielten *Blüten* am Ende der Hauptachse von einem einzigen Punkt entspringen.

Doldentraube – *Traube*, die in ihrer Form an eine *Dolde* erinnert.

Eiförmig (Blattform) – Mit ovalem Umriß; größte Blattbreite im unteren Drittel des Blattes, zur Blattspitze etwas schmäler.

Einfach – 1. (Blattform) Mit ungeteilter Blattfläche. 2. (Blüte) Mit nur einer Reihe Blütenblätter.

Einzeln (Blüte) – Allein und nicht in einem *Blütenstand* am *Stengel* stehend.

F1-Hybriden – Wuchskräftige, einheitliche Nachkommen von zwei reinerbigen Eltern. Alle F1-Hybriden sehen gleich aus.

F2-Hybriden – Durch Kreuzung von F1-Hybriden entstandene Pflanzen, die nicht *samenecht* sind.

Fahne – Aufwärts gestelltes *Kronblatt*.

Fiederspaltig (Blattform) – Mit Einschnitten, die etwa bis zur Blattmitte reichen.

Fiederteilig (Blattform) – Mit Einschnitten, die fast bis zum Grund der Blattfläche reichen.

Ganzrandig – Mit glattem, also ungesägtem und ungezähntem Blattrand.

Gattung – Botanische Rangstufe über der *Art*; umfaßt Pflanzen, die durch eine Reihe von Merkmalen verbunden sind.

Gefiedert (Blattform) – Ein zusammengesetztes Blatt mit zwei an der Mittelachse gegenüberstehenden Reihen von *Blättchen*.

Gefüllt (Blüte) – Mit mehreren Reihen Blütenblättern.

Granne – Steife Borste an der Spitze oder auf dem Rücken des Hochblattes vieler Grasblüten.

Griffel – Stielartiger Träger der *Narbe*.

Grundständig – An der Basis einer Pflanze entspringend.

Habitus – Siehe *Wuchs*.

Halbausgereifte Stecklinge – *Stecklinge* von diesjährigem Wuchs, die an der Basis verholzt, an der Spitze aber noch *krautig* und weich sind.

Halbimmergrün – Mit Blättern, die den Winter über an der Pflanze bleiben, aber zu Beginn der nächsten Vegetationsperiode abfallen. Auch wintergrün genannt.

Halbreife Stecklinge – Siehe *Halbausgereifte Stecklinge*.

Halbstrauch – Pflanze, die am Grund holzig ist, deren Triebe aber größtenteils *krautig* bleiben und im Winter absterben können.

Handförmig (Blattform) – Mit 3 oder mehr *Blättchen*, die von einem Punkt ausgehen.

Haube – Schutz aus Glas, Plastik oder Folie, der über die Pflanzen gestülpt wird, um sie vor Frost oder Regen zu schützen. Wird auch verwendet, um den Boden vor dem Aussäen oder Pflanzen etwas zu erwärmen.

Hochblatt – Ein umgewandeltes Blatt unter der *Blüte* oder dem *Blütenstand*. Es kann wie ein gewöhnliches Blatt aussehen, aber auch klein und schuppenartig oder groß und leuchtend gefärbt sein. Auch Hüllblatt oder Braktee genannt.

Hybride – Durch Kreuzung zwischen zwei genetisch verschiedenen Eltern entstandene Pflanze. Hybriden können zufällig oder künstlich in Kultur, gelegentlich auch wild entstehen. Siehe auch *F1-* und *F2-Hybride*.

Immergrün – Mit Blättern, die mehrere Vegetationsperioden an der Pflanze bleiben.

Kalter Kasten – Verglaste, kistenartige Konstruktion mit Deckel, um die Pflanzen vor Kälte zu schützen.

Kapsel – Trockene Frucht, die mit der Reife aufspringt und die *Samen* freigibt.

Keimling – Aus einem *Samen* hervorgegangener Embryo, der zunächst ohne Blattgrün ist und vom Nährgewebe des *Samens* ernährt wird.

Kelch – Teil der Blütenhülle; meist klein und grün, manchmal aber auch auffällig und leuchtend gefärbt. Umschließt im Knospenstadium die *Kronblätter* und wird aus den *Kelchblättern* gebildet.

Kelchblatt – Teil der Blütenhülle einer Pflanze, für gewöhnlich grün. Meist unscheinbar, zuweilen jedoch kronblattähnlich. Auch Sepalum genannt.

Knollen – Verdickte, durch Umwandlung von Wurzeln oder *Stengeln* entstandene, meist unterirdische Speicherorgane von Pflanzen.

Knospe – Rudimentärer oder verkürzter *Sproß,* der Anlagen von Blättern oder *Blüten* enthält.

Kopfstecklinge – *Stecklinge* von der Spitze unverholzter, nichtblühender Triebe.

Körbchen – *Blütenstand* aus *Strahlenblüten* und *Röhrenblüten,* bei dem die Spitze der Achse gestaucht und scheibenförmig verbreitert ist. Auch Körbchenblüte oder Blütenkörbchen genannt.

Krautig – Nichtholzig; von Pflanzen, bei denen die oberirdischen Teile am Ende der Wachstumsperiode absterben.

Kronblatt – Meist farbiges, auffälliges Blütenblatt, das Bestandteil der *Krone* ist. Auch Petalum genannt.

Krone – Teil der *Blüte,* der von den *Kronblättern* gebildet wird. Auch Corolla genannt.

Lanzettförmig (Blattform) – Schmal, an beiden Enden spitz zulaufend.

Lappen – Der hervorstehende, größere Bestandteil eines ungeteilten Blattes.

Laubhumus – Faseriges, *organisches* Material, das beim Zersetzen von Blättern entsteht und zur Verbesserung von Topf- oder Gartenerde bzw. als *Mulch* verwendet wird.

Leicht (Boden) – Mit hohem Sand- und geringem Tongehalt.

Linealisch (Blattform) – Sehr schmal mit fast parallel laufenden Blatträndern.

Lippenblüten – Lippenförmige *Blüten.*

Mulch – Eine Schicht aus *organischer* Materie, die auf den Boden aufgetragen wird, um ein Verdunsten der Bodenfeuchtigkeit zu verhindern, die Wurzeln vor Frost zu schützen, das Unkrautwachstum zu reduzieren oder den Boden mit Nährstoffen anzureichern.

Narbe – Oberster Teil des weiblichen Fortpflanzungsorgans von Gewächsen, meist an der Spitze des *Griffels.* Nimmt den Pollen auf.

Neutral (Boden) – Mit *pH-Wert* 7, d. h. weder *basisch* noch *sauer.*

Niederliegend – Flach auf dem Boden ausgebreitet.

Organisch – 1. Mit Kohlenstoff aus zersetzten lebenden Organismen. 2. Mit verrotteten Pflanzenresten, wie Kompost, Humus und *Mulch.*

pH-Wert – Maß für den Säuregrad des Bodens. Die Skala reicht von 1 bis 14. Siehe auch *basisch, neutral* und *sauer.*

Rhizom – Unterirdischer, meist horizontal kriechender, verdickter *Sproß,* der als Speicherorgan wirkt und oberirdische Triebe hervorbringt.

Rispe – Eine mehrfach verzweigte *Traube,* bei der die *Blüten* an Stielen sitzen, die von der Hauptachse ausgehen.

Röhrenblüte – Röhrenförmige, fruchtbare *Blüte* in einem *Körbchen.* Auch Scheibenblüte genannt.

Rosette – Eine Gruppe von Blättern, die – oft in Bodennähe – auf einem sehr kurzen *Stengel* sitzen und aus demselben Punkt entspringen.

Samen – Reife, befruchtete Verbreitungsform von Blütenpflanzen. Enthält die junge Pflanze im embryonalen Zustand.

Samenecht – Die charakteristischen Eigenschaften der Elternpflanzen bei Auszucht aus *Samen* nicht verlierend.

Samentreu – Siehe *Samenecht.*

Sämling – Aus Samen entstandene Jungpflanze, die bereits mehrere Blätter trägt.

Sauer (Boden) – Mit einem *pH-Wert* von weniger als 7. Siehe auch *basisch* und *neutral.*

Schmetterlingsblüten – Symmetrische, falterförmige *Blüte* mit aufwärts gestellter *Fahne,* zwei seitlichen Flügeln und einem meist aus zwei *Kronblättern* bestehenden unteren Blütenteil.

Schossen – Zu schnell in die Höhe wachsen und dabei vorzeitig *Blüten* und *Samen* tragen.

Schwer (Boden) – Mit einem hohen Anteil an Ton.

Seitentrieb – Seitlich aus einem *Sproß* oder einer Wurzel wachsender Trieb.

Serie – Gruppe von Sommerblumensorten, die sich in der Regel in einem einzigen Merkmal (meist der Farbe) unterscheiden. Im Handel in Einzelfarben oder meist als Mischung erhältlich.

Sommergrün – Mit Blättern, die jedes Jahr zum Ende der Vegetationsperiode abfallen.

Sorte – Gruppe von Pflanzen, die sich durch ein oder mehrere Merkmale unterscheiden und diese nach der Vermehrung beibehalten. Auch Kultivar genannt.

Sporn – Hohler, spitzkegelartiger Fortsatz eines *Kronblattes,* der oft Nektar absondert.

Sproß – Ein Stamm, Ast, Zweig, *Stengel* oder Schaft.

Staubblatt – Männliches Fortpflanzungsorgan einer Pflanze.

Staude – Pflanze, die mindestens 3 Vegetationsperioden überdauert. Am Grund verholzende Stauden sterben im Herbst nur teilweise ab.

Steckling – *Krautiger* Teil einer Pflanze, der abgetrennt und zur Vermehrung verwendet wird.

Stengel – Meist oberirdische Hauptachse einer Pflanze, die Blätter, *Blüten* und Früchte trägt.

Strahlenblüte – Sterile *Blüte* im äußeren Ring eines *Körbchens.* Auch Zungenblüte genannt.

Stratifizieren – *Samen* niedrigen Temperaturen aussetzen, um die Zeit der Samenruhe zu verkürzen.

Traube – Ein unverzweigter *Blütenstand* mit mehreren oder vielen gestielten *Blüten,* die einzeln an einer Hauptachse stehen.

Trugdolde – *Blütenstand,* der wie eine *Dolde* aussieht, jedoch durch mehrere verzweigte Achsen gekennzeichnet ist.

Wickel – *Blütenstand,* bei dem jeweils ein *Seitentrieb* mit endständiger *Blüte* das Wachstum fortsetzt.

Wuchs – Das charakteristische Erscheinungsbild einer Pflanze.

REGISTER

Die Gattungsnamen sind fett gedruckt. Dahinter folgt eine Kurzbeschreibung. Arten, Unterarten und Varietäten sind kursiv. Sortennamen werden in einfache Anführungszeichen gesetzt. Die deutschen Namen erscheinen in Klammern.

A

B

L

BILDNACHWEIS

Schlüssel: o = oben; u = unten; r = rechts; l = links; m = Mitte; mro = Mitte rechts oben; mlo = Mitte links oben; mru = Mitte rechts unten; mlu = Mitte links unten

Der Verlag dankt den folgenden Personen und Institutionen für die freundliche Genehmigung zum Nachdruck ihrer Fotografien:

A-Z Botanical Collection 19ul, 22or, 31ml, 70or, 93r, 115ur / Robert J. Erwin 41ul / P. Etchells 88or / Robert W. Greig 122ml / Matt Johnston 39l / Anthony Menzies Shaw 156ul / T. G. J. Rayner 47ur / Dan Sams 41r, 155ol / Heather Angel 119or / Gillian Beckett 21ul;

Pat Brindley 28r, 29u, 38ol, 46ur, 63ol, 75, 91ol, 91ul, 99ol, 126ul, 155or, 157or;

Eric Crichton 81or, 83, 92ur, 132ul, 142ur;

Garden Matters 148ol / Jeremy Hoare 140r;

Garden Picture Library 10, 12, 13o / Chris Burrows 133ol / Brian Carter 31or, 99ur, 111or, 134ur, 139ol / Christopher Gallagher 27ml / John Glover 26ol, 108ol, 153mro;

John Glover 53ol, 132or;

Derek Gould 117mr, 124or, 159or;

Holt Studios International 56r, 82ur;

Andrew Lawson 2, 5, 65or, 66ol, 71ur, 84ur, 85ur, 123or, 127or, 145l, 147ur, 154mro, 159ul;

Photo Flora 60ol, 60ul, 66ul;

Photos Horticultural 20, 22ur, 24ur, 27u, 30l, 30ur, 40ul, 54or, 55ml, 65l, 67l, 70ul, 75, 81l, 82l, 84or, 87or, 89or, 105or, 111ul, 113ur, 117mlu, 118l, 122ol, 127l, 128r, 149ul;

Plant Pictures World Wide 24ul, 45ul, 73ol, 81ur, 83, 85ol, 88l, 91ur, 105u, 130ur, 146ur;

Howard Rice 24or, 25l, 26ul, 26ur, 29ml, 31u, 32r, 36l, 36ur, 37l, 37or, 37ur, 39ur, 40ur, 41ol, 43ur, 45ol, 46or, 48or, 48ul, 48ur, 49ol, 49or, 49ul, 51ol, 52u, 54ol, 54ur, 57, 58or, 59or, 60ur, 61l, 61or, 62ul, 65ur, 69or, 69ul, 71ol, 71or, 78r, 80ul, 83ur, 85mr, 87mr, 87u, 93ur, 96ol, 96or, 96ul, 100ol, 100ur, 101mru, 102r, 103ol, 104r, 105ml, 107ol, 108ul, 108r, 110ol, 110ur, 111ol, 116ol, 116ul, 116ur, 117ol, 117mlo, 117ul, 119ml, 119mr, 119ur, 120mr, 120ur, 122or, 122ul, 123ur, 126r, 129ol, 129or, 129ur, 133ml, 133mr, 133u, 135or, 136ur, 138, 139ul, 140ul, 145ur, 146ol, 146or, 147or, 147ul, 148ur, 149or, 150r, 151ol, 154ur, 158ol, 158or, 159ol;

Harry Smith Collection 11, 19ol, 19ur, 21ol, 21or, 22l, 28l, 29ol, 29or, 39or, 40ol, 44ol, 44or, 44ul, 44ur, 47ol, 47or, 47ul, 48ol, 51or, 52ol, 53or, 53ml, 53mr, 53u, 58ol, 58ul, 59l, 62r, 63ul, 63r, 64ul, 67or, 68ol, 74ul, 74r, 79or, 79ur, 85ul, 87ol, 88ur, 89mr, 94ol, 94ul, 94ur, 98ol, 101ur, 105mr, 107ur, 109ol, 109ul, 113ol, 115or, 119ol, 119ul, 120or, 121ol, 121or, 122ur, 123ul, 126ol, 129ul, 130or, 130ul, 133or, 135mro, 137u, 141ol, 142ul, 143or, 143ur, 144or, 144ur, 147ol, 148ul, 152ol, 152or, 153or, 154or, 156ol, 156or;

Sutton Seeds 87ml, 132ol;

Thompson and Morgan 91or, 157ol;

Unwins Seeds Ltd. 66ur, 90or, 100or, 109or, 119ol, 120ml, 152ur;

Tom Wright 13u

Verwendete Abkürzungen

°C	Grad Celsius	m	Meter
cm	Zentimeter	mm	Millimeter
g	Gramm	S.	Seite
hort.	In gärtnerischer Kultur entstanden	ssp.	Unterart
		var.	Varietät